普通高等教育"十三五"规划教材
高等学校计算机精品课程系列教材
国家社科基金项目（17BSH067）研究成果

大学计算机应用基础
上机指导与测试

主　编　廖瑞华　李勇帆

副主编　张卓林

参　编　赵晋琴　胡恩博　李里程　彭　剑
　　　　肖　杰　曾玢石　黄　邵　王玉辉
　　　　许　亮　李卫东　李　兵　胡　伟
　　　　李卫民　李科峰　张　剑

U0316956

中国铁道出版社有限公司
CHINA RAILWAY PUBLISHING HOUSE CO., LTD.

内 容 简 介

本书是《大学计算机应用基础》（李勇帆、廖瑞华主编，中国铁道出版社出版）的配套教材，是根据教育部高等学校大学计算机课程教学指导委员会提出的《大学计算机基础教育基本要求》的精神编写而成的。

本书第一部分为上机实验，与课堂教学内容相对应，通过实际操作，帮助学生快速掌握各种软件的基本功能及操作方法，帮助学生加深对理论知识的理解，提高操作与应用能力。第二部分为基础知识测试题，帮助学生加强对课本知识的理解和掌握，并附有参考答案。

本书力求内容新颖、面向应用、重视操作能力和综合应用能力的培养，适合作为高等学校计算机基础课程的实验教材，也可作为计算机技术培训及自学用书。

图书在版编目（CIP）数据

大学计算机应用基础上机指导与测试/廖瑞华，李勇帆主编. —北京：中国铁道出版社，2017.8（2020.7 重印）
普通高等教育"十三五"规划教材　高等学校计算机精品课程系列教材
ISBN 978-7-113-23526-0

Ⅰ．①大… Ⅱ．①廖… ②李… Ⅲ．①电子计算机-高等学校-教学参考资料 Ⅳ．①TP3

中国版本图书馆CIP 数据核字（2017）第 200320 号

书　　名：大学计算机应用基础上机指导与测试
作　　者：廖瑞华　李勇帆

策　　划：刘丽丽　　　　　　　　　　　　读者热线：（010）51873202
责任编辑：刘丽丽　徐盼欣
封面设计：刘　颖
责任校对：张玉华
责任印制：樊启鹏

出版发行：中国铁道出版社有限公司（100054，北京市西城区右安门西街 8 号）
网　　址：http://www.tdpress.com/51eds/
印　　刷：北京市科星印刷有限责任公司
版　　次：2017 年 8 月第 1 版　　2020 年 7 月第 4 次印刷
开　　本：787mm×1092mm　1/16　印张：9　字数：193 千
书　　号：ISBN 978-7-113-23526-0
定　　价：23.00 元

版权所有　侵权必究

凡购买铁道版图书，如有印制质量问题，请与本社教材图书营销部联系调换。电话：（010）63550836
打击盗版举报电话：（010）51873659

前　言

随着计算机技术与网络技术、通信技术的飞速发展及融合，计算机应用的范围和深度发生了重大变化，当今社会对大学生的计算机应用能力也有了新的、更高的要求。理解计算机的基本工作原理，掌握计算机的基本操作与技能，能够使用常用办公软件，能够在网上查询相关资料，能够通过网络发布自己的信息，这是信息时代的大学生应该具备的基本素质。为了适应新时期"大学计算机应用基础"课程的教学需要，我们认真总结了多年来的教学实践，根据"2017 年国家社科基金项目——'互联网+'推进基础教育均衡发展的实证研究（17BSH067）"的研究成果组织编写了本书。

本书是《大学计算机应用基础》（李勇帆、廖瑞华主编，中国铁道出版社出版）的配套教材，是根据教育部高等学校大学计算机课程教学指导委员会提出的《大学计算机基础教育基本要求》的精神编写而成的。

本书第一部分为上机实验，与课堂教学内容相对应。每个实验包括实验目的、实验内容，通过实际操作，帮助学生快速掌握各种软件的基本功能及操作方法，帮助学生加深对理论知识的理解，提高操作与应用能力。第二部分为基础知识测试题，帮助学生加强对课本知识的理解和掌握，并附有参考答案。

本书力求内容新颖、面向应用、重视操作能力和综合应用能力的培养，适合作为高等学校计算机基础课程的实验教材，也可作为计算机技术培训及自学用书。

本书由廖瑞华副教授和享受国务院特殊津贴、首届湖南省普通高等学校教学名师李勇帆教授任主编，张卓林任副主编，参加讨论和编写的还有赵晋琴、胡恩博、李里程、彭剑、肖杰、曾玢石、黄邵、王玉辉、许亮、李卫东、李兵、胡伟、李卫民、李科峰、张剑等，最后由李勇帆教授统稿并定稿。在本书的策划和编写过程中，广泛听取了不同地区不同高校的计算机基础课程教育专家和资深教师的意见和建议，在此一并致谢。

由于时间仓促，加之编者水平有限，书中难免存在疏漏和不足之处，敬请广大师生及读者批评指正，以便再版时修订完善。

编　者
2017 年 7 月

◀ 目 录

上篇 上机实验

下篇 基础知识测试题

上篇
上机实验

操作系统 ‹‹‹

📚 实验一 Windows 7 的基本操作和程序管理

一、实验目的

（1）掌握 Windows 7 的基本操作。
（2）掌握 Windows 7 的程序管理。
（3）掌握 Windows 7 任务管理器的使用。

二、实验内容

任务 1：任务栏的基本操作

（1）通过任务栏查看/修改当前日期和时间。
（2）显示或隐藏任务栏上的"输入法"按钮，并设置"中文（简体）-微软拼音 ABC 输入风格"为默认输入法。
（3）设置任务栏为自动隐藏。
（4）将任务栏按钮设置为"当任务栏被占满时合并"。
选定"当任务栏被占满时合并"，然后多次启动"画图"程序，直到"画图"程序以合并方式显示为止。

【提示】

（1）鼠标指针指向任务栏的时间，会显示年、月、日。双击时间图标可弹出如图 1-1 所示的"日期和时间设置"对话框，可直接对日期、时间进行修改。

图 1-1 "日期和时间设置"对话框

（2）选择"开始"→"控制面板"命令，在"控制面板"窗口中双击"时钟、语言和区域"图标，在打开窗口中再单击"区域和语言"超链接，在弹出的对话框中选择"键盘和语言"选项卡，单击"更改键盘"按钮，弹出如图1-2所示的"文本服务和输入语言"对话框，选择"语言栏"选项卡，如图1-3所示，选择或取消 ⊙隐藏(D) 。在如图1-2所示对话框中，单击"默认输入语言"中的下拉按钮，在下拉列表中选择"中文（简体）-微软拼音ABC输入风格"，单击"确定"按钮，即可将其设置为默认输入法。

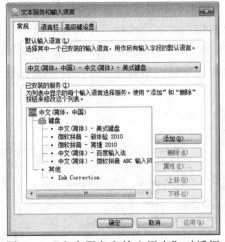

图1-2 "文本服务和输入语言"对话框

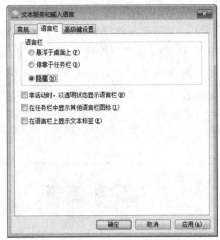

图1-3 "语言栏"选项卡

（3）右击任务栏空白处，在弹出的快捷菜单中选择"属性"命令，弹出如图1-4所示的对话框，进行设置即可。

图1-4 "任务栏和「开始」菜单属性"对话框

（4）"当任务栏被占满时合并"是指把同一个程序打开的文档组合为一个任务栏按钮显示，以便减少任务栏的混乱程度。

任务2：桌面设置的基本操作

（1）显示或隐藏桌面上的"计算机""用户的文件""网络"和"回收站"。

（2）在桌面上创建启动"画图"程序的快捷方式。

（3）桌面背景任选一张风景图片，并选用拉伸的方式让它覆盖整个桌面。

（4）选用"三维文字"屏幕保护程序，文字为"计算机屏幕保护"，旋转类型为"滚动"，等待时间为 1 min。

（5）查看并设置显示属性。

【提示】

（1）在 Windows 7 桌面空白处右击，在弹出的快捷菜单中选择"个性化"命令，弹出如图 1-5 所示"个性化"窗口，单击 "更改桌面图标"超链接，弹出如图 1-6 所示的"桌面图标设置"对话框，设置所需显示或隐藏的项目，如勾选"计算机"复选框则在桌面显示"计算机"图标，否则不显示该图标。

图 1-5 "个性化"窗口　　　　　　图 1-6 "桌面图标设置"对话框

（2）在桌面空白处右击，在弹出的快捷菜单中选择"新建"→"快捷方式"命令，弹出如图 1-7 所示的"创建快捷方式"对话框，在"请键入对象的位置"文本框中输入"画图"程序的位置和名称，或单击"浏览"按钮确定程序位置 ，单击"下一步"按钮，为快捷方式命名，单击"确定"按钮即可。

图 1-7 "创建快捷方式"对话框

（3）在桌面空白处右击，在弹出的快捷菜单中选择"个性化"命令，弹出如图 1-5 所示"个性化"窗口，单击"桌面背景"图标，弹出如图 1-8 所示的"桌面背景"窗口，选择任意一张风景图片，再单击"填充"下拉按钮，在下拉列表中选择"拉伸"。

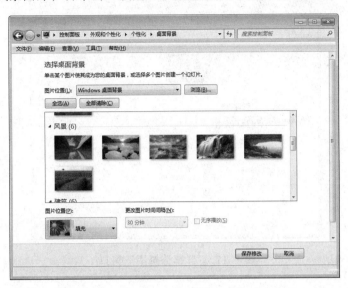

图 1-8 "桌面背景"窗口

（4）在如图 1-5 所示的"个性化"窗口中，单击"屏幕保护程序"图标，弹出如图 1-9 所示的"屏幕保护程序设置"对话框，在下拉列表中选择"三维文字"，单击"设置"按钮，弹出如图 1-10 所示的"三维文字设置"对话框，在"自定义文字"文本框输入"计算机屏幕保护"，在旋转类型中选择"滚动"，再单击"确定"按钮返回，设置等待时间为 1 min。

图 1-9 "屏幕保护程序"对话框

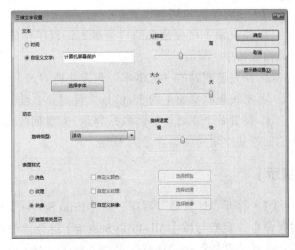

图 1-10 "三维文字设置"对话框

（5）在桌面空白处右击，选择"屏幕分辨率"命令，在图 1-11 所示的"屏幕分辨率"窗口中，查看并设置当前屏幕分辨率。单击"高级设置"超链接可查看并设置颜色质量以及屏幕刷新频率。

图 1-11 "屏幕分辨率"窗口

任务 3：剪贴板及回收站的使用

（1）剪贴板的使用：

① 选择"开始"→"所有程序"→"附件"→"计算器"命令，打开"计算器"程序。

② 按【Alt+Print Screen】组合键，将"计算器"窗口复制到剪贴板中。

③ 启动"画图"程序，通过"画图"窗口中的"编辑"→"粘贴"命令将剪贴板上的内容复制到画板，并保存在桌面上，文件名为 JSQ.jpg。

（2）回收站的使用和设置：

① 将桌面上已经建立的"记事本"程序快捷方式和"画图"程序快捷方式删除，放入回收站中。

② 恢复已删除的"记事本"程序快捷方式。

③ 永久删除桌面上的 JSQ.jpg 文件对象，使之不可恢复。

④ 设置各个驱动器的回收站容量：C 盘回收站的最大值为该盘容量的 15%，其余磁盘的回收站空间为该盘容量的 10%。

【提示】

（1）打开"计算器"程序，按【Print Screen】键，然后在"画图"窗口中执行"粘贴"命令，观察与按【Alt+Print Screen】组合键的区别。启动"画图"程序的方法可以是：选择"开始"→"运行"命令，输入"Mspaint"，单击"确定"按钮；也可以选择"开始"→"所有程序"→"附件"→"画图"命令。

（2）在"回收站 属性"对话框中设置各驱动器的回收站容量，如图 1-12 所示，图示 C 盘 25.7 GB，设置 C 盘回收站的最大值为 $25.7 \times 1000 \times 0.15$ MB=3 855 MB。

任务4：Windows 任务管理器的使用

（1）启动"计算器"程序，打开"Windows 任务管理器"对话框，查看"计算器"的线程数。

（2）在"Windows 任务管理器"对话框中结束"计算器"程序的运行。

图 1-12 "回收站 属性"对话框

【提示】

按【Ctrl+Alt+Del】组合键，在弹出的窗口单击"启动任务管理器"按钮，弹出如图 1-13 所示的"Windows 任务管理器"窗口。默认情况下，"Windows 任务管理器"窗口不显示进程的线程数。若要显示线程数，则应先选择"进程"选项卡，然后通过"查看"→"选择列"命令，弹出如图 1-14 所示的"选择进程页列"对话框，设置显示线程数。然后通过图 1-15 查看"计算器"的线程数，即映像名称为"calc.exe"的进程，并记录。

图 1-13 "Windows 任务管理器"窗口

图 1-14 设置显示线程数

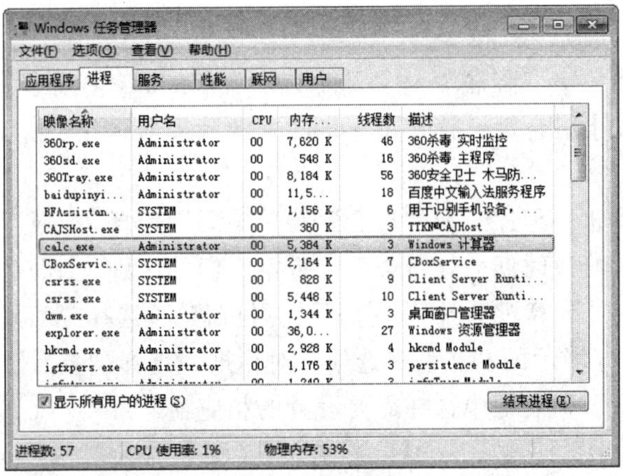

图 1-15 显示进程数和线程数

任务 5：应用程序的启动、退出与切换

先后启动两个或多个应用程序，如打开 Word 2010 文档、Excel 2010 文档、PowerPoint 2010 文档等，然后练习应用程序窗口的切换与退出。

实验二　文件和文件夹的管理

一、实验目的

（1）掌握 Windows 资源管理器的使用。
（2）掌握"计算机"的使用。
（3）掌握文件和文件夹的常用操作。
（4）掌握"库"的使用。

二、实验内容

任务 1：Windows 资源管理器和"计算机"的使用

（1）利用 Windows 资源管理器分别选用超大图标、小图标、列表、详细信息等方式浏览 Windows 主目录，观察各种显示方式之间的区别。

（2）利用"计算机"分别按名称、大小、类型和修改时间对 Windows 主目录进行排序，观察 4 种排序方式的区别。

（3）在"计算机"中设置或取消下列文件夹的查看选项，并观察其中的区别。

① 显示隐藏的文件、文件夹和驱动器。

② 隐藏受保护的操作系统文件。

③ 隐藏已知文件类型的扩展名。

④ 在同一个窗口中打开每个文件夹或在不同窗口中打开不同的文件夹。

【提示】

（1）选择"开始"→"程序"→"附件"→"Windows 资源管理器"命令，或按住【Windows 徽标键+ E】组合键，打开 Windows 资源管理器，在"查看"菜单中选择相关命令。

（2）打开"计算机"程序，在"查看"菜单中分别选择"排列方式"中的"名称""大小""类型"和"修改时间"进行查看，观察它们的区别。

（3）双击桌面上"计算机"图标，打开计算机窗口，选择"工具"→"文件夹选项"命令，弹出如图 1-16 所示的"文件夹选项"对话框，选择"查看"选项卡，如图 1-17 所示，在"高级设置"列表框中选择需要设置的相应项。

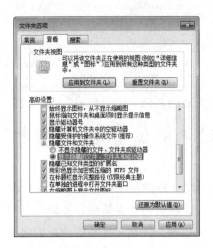

图 1-16 "文件夹选项"对话框　　　　　　　图 1-17 "查看"选项卡

任务 2：文件夹的创建和重命名

（1）在资源管理器中新建文件夹：

① 打开资源管理器窗口，选择需要创建新文件夹的位置。

② 选择"文件"→"新建"→"文件夹"命令，如图 1-18 所示，即在当前文件夹窗口中出现一个新的文件夹图标，其默认名称为"新建文件夹"。

③ 单击任意空白处，或按【Enter】键，完成创建。

图 1-18 选择命令

（2）在桌面上创建新文件夹：

① 右击桌面空白处，在弹出的快捷菜单中选择"新建"→"文件夹"命令。此时可以观察到在桌面上出现了一个新的文件夹图标，其默认名称为"新建文件夹"。

② 单击任意空白处，或按【Enter】键，完成创建。

（3）在 D 盘根目录下创建如图 1-19 所示结构的文件夹和子

图 1-19 文件夹结构

文件夹。

（4）重新命名文件夹：

① 在资源管理器窗口中，单击选中已经创建的"新建文件夹"。

② 选择"文件"→"重命名"命令，可以看到"新建文件夹"成为可编辑状态，输入新的名称"学习资料"，按【Enter】键或单击任意空白处即可完成。

任务3：文件和文件夹选定操作

（1）打开资源管理器窗口。

（2）选定单个文件或文件夹。右击"开始"按钮，选择"打开 Windows 资源管理器"命令，在资源管理器窗口左侧"计算机"下选择磁盘，在右侧文件夹内容窗口中单击需要选定的文件或文件夹的图标或名称。单击窗口中任意空白处取消该选定。

（3）选定一组连续排列的文件或文件夹。在资源管理器窗口右侧文件夹内容窗口中单击需要选定的文件或文件夹组中第一个的图标或名称，然后移动鼠标指针到该文件或文件夹组中最后一个图标或名称，按住【Shift】键的同时单击即可。单击窗口中任意空白处可取消该选定。

（4）选定一组非连续排列的文件或文件夹。在按住【Ctrl】键的同时，单击每一个需要选定的文件或文件夹的图标或名称。单击窗口中任意空白处取消该选定。

（5）选定几组连续排列的文件或文件夹。利用（3）中的方法先选定第一组；然后按住【Ctrl】键的同时，单击第二组中第一个文件或文件夹图标或名称，再按住【Ctrl+Shift】组合键，单击第二组中最后一个文件或文件夹图标或名称；依此类推，直到选定最后一组为止。单击窗口中任意空白处取消该选定。

（6）选定所有文件和文件夹。在资源管理器窗口中选择"编辑"→"全部"命令即可。单击窗口中任意空白处可取消该选定。

任务4：文件的创建、移动和复制

说明：如果下述操作要求中的文件夹不存在，请先创建。

（1）用"记事本"程序创建文本文件 TA.txt 并保存在桌面上，然后在桌面的快捷菜单中选择"新建"→"文本文档"命令，创建文本文件 TB.txt。两个文件的内容任意输入。

（2）将桌面上的 TA.txt 复制到 D:\Dysf1 中。

（3）将桌面上的 TA.txt 复制到 D:\Dysf1\SLX 中。

（4）将桌面上的 TA.txt 复制到 D:\Dysf1\XGX 中。

（5）将桌面上的 TB.txt 复制到 D:\Dysf2\ABC 中。

（6）将文件夹 D:\Dysf1 中的 TA.txt 文件移动到 D:\Dysf2\ABC 中。

（7）将文件夹 D:\Dysf1\XGX 移动到 D:\Dysf2\TXT 中。要求移动整个文件夹，而不是仅仅移动其中的文件，即 XGX 成为 TXT 的子文件夹。

（8）将 D:\Dysf1\SLX 用快捷菜单中的"发送"命令发送到桌面上，观察在桌面上是创建了文件夹还是文件夹快捷方式。

【提示】

先选定要复制的文件或文件夹，然后利用"编辑"菜单中的"复制到文件夹"命令，或使用"复制"和"粘贴"命令进行移动，或在按住【Ctrl】键的同时拖动鼠标来实现复制。

先选定要移动的文件或文件夹，然后利用"编辑"菜单中的"移动到文件夹"命令，或使用"剪切"和"粘贴"命令进行移动，或利用鼠标拖动来实现移动。

任务 5：文件和文件夹的删除和恢复

（1）删除桌面上的文件 TA.txt。

（2）恢复刚刚被删除的文件。

（3）按【Shift+Del】组合键删除桌面上的文件 TA.txt，观察文件是否被送到回收站。

任务 6：文件和文件夹的属性查看和修改

（1）查看 D:\Dysf1、D:\Dysf2\TXT 文件夹的属性。

（2）查看 D:\Dysf2\TB.txt 文件的属性。

（3）修改 D:\Dysf1 文件夹的属性，并把它设置为"只读"和"隐藏"。

（4）修改 D:\Dysf2\TB.txt 文件的属性，并把它设置为"只读"和"隐藏"。

任务 7：搜索文件或文件夹

（1）搜索 C 盘上所有扩展名为.bmp 的文件。

（2）搜索 C 盘上文件名中包含字符为 a 且扩展名为.txt 的文件，并以"TXT 文件"为文件名，保存搜索结果。

（3）搜索 C 盘上上星期创建的所有.docx 文件，并把它们复制到 D:\Dysf2 中。

（4）搜索"计算机"上所有小于 10 KB 的文件。

【提示】

（1）通过"开始"按钮在"搜索程序和文件"输入框中输入要搜索的内容，或打开"计算机"窗口，在搜索框中输入要搜索的内容，搜索时，可以使用"?"表示任一个字符，使用"*"表示任意一个字符或一个字符串。要查找 C 盘上内容，先打开 C 盘，然后在搜索框中输入搜索内容，比如输入"*.bmp"作为文件名。

（2）在搜索框中输入"*a*.txt"作为文件名。搜索完成后，选择"文件"→"保存搜索"命令，输入"TXT 文件"文件名，保存搜索结果。

（3）搜索时，在显示相应的搜索筛选器中添加要使用的搜索项，比如选择"修改日期""文件类型"，输入相应的条件。搜索完成后，选择"编辑"→"全选"命令，再选择"复制"命令，打开 D:\Dysf2 文件夹并执行"粘贴"命令。

（4）打开"计算机"窗口，在搜索框中输入要搜索的内容，添加搜索筛选器，选择大小：微小（1～10 KB），就可以看到搜索结果。

任务 8：库的使用操作

说明：如果下述操作要求中的文件夹不存在，请先创建。

在 Windows 7 系统中，库彻底改变了文件管理方式，它可以集中管理视频、文档、音乐、图片和其他文件。

（1）新建一个名称为"计算机基础"的库。

（2）添加指定内容到库中，将计算机 D 盘上的 360Downloads、Dysf1 和 Dysf2 文件夹添加到新建的"计算机基础"库中。

（3）重命名库和删除库，将"计算机基础"库重命名为"大学计算机基础"库，然后再删除它。

【提示】

（1）打开资源管理器或"计算机"窗口，单击左侧导航网格中的"库"，弹出如图 1-20 所示的"库"窗口，选择"文件"→"新建"→"库"命令，输入"库"的名称"计算机基础"。

图 1-20　"库"窗口

（2）要将 360Downloads、Dysf1 和 Dysf2 文件夹的内容加到指定的库中，只需分别在这几个文件夹上右击，在弹出的快捷菜单中选择"包含到库中"命令，在弹出的子菜单中选择库名"计算机基础"即可。

另外，还可以通过子菜单中的"创建新库"命令将所选文件内容添加至一个新建的库中，新建库的名称与文件夹的名称相同。

（3）要重命名或删除库，只需要在该库上右击，选择快捷菜单中的"重命名"或"删除"命令即可，如图 1-21 所示。

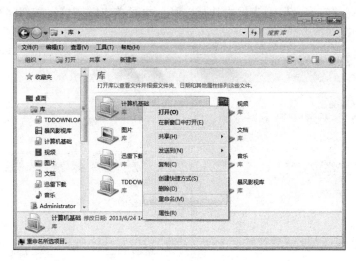

图 1-21　右键快捷菜单

实验三　磁盘管理和控制面板的使用

一、实验目的

（1）掌握磁盘管理的方法。
（2）掌握控制面板的设置和使用。
（3）掌握添加打印机的方法。
（4）掌握添加或删除输入法的方法。
（5）掌握常用附件的使用。

二、实验内容

任务 1：控制面板的设置和使用

（1）打开控制面板。
（2）创建一个新账户，名称为 Dysf，并将其设为"管理员"，并设置密码为 dysf2013。
（3）设置鼠标。

【提示】

设置鼠标：

在"控制面板"窗口中双击"鼠标"图标，打开如图 1-22 所示的"鼠标 属性"对话框，拖动"双击速度"选项组中的滑块可改变鼠标双击时的有效速度；如果习惯用左手操作，可勾选"切换主要和次要的按钮"复选框来便于左手操作。

选择"指针"选项卡，如图 1-23 所示，在"方案"下拉列表中分别选择不同的方案，如选择"Windows 标准（大）（系统方案）"，可一次更改所有的指针；若只改一种状态的指针，则在"自定义"列表框中选择一种，也可单击"浏览"按钮，从对话框中选择一种指针形状。

图 1-22 "鼠标 属性"对话框

图 1-23 "指针"选项卡

任务 2：打印机的安装及设置

通过控制面板添加和设置打印机。

【提示】

（1）如果安装了多台打印机，在执行打印任务时可以选择打印机或将某台打印机设置为默认打印机。要设置默认打印机，打开"设备和打印机"窗口，在要设定的打印机图标上右击，在弹出的快捷菜单中选择"设置为默认打印机"即可。

（2）文档的打印和取消。将要打印的文档在某一应用程序窗口中打开，然后选择"文件"→"打印"命令。或在 Windows 资源管理器或"计算机"窗口中选定要打印的文档，然后单击"打印"按钮即可开始打印。

在打印过程中，如果想取消正在打印或打印队列中的打印作业，可双击任务栏中的打印机图标，打开打印队列，右击要停止的打印文档，在弹出的快捷菜单中选择"取消"命令。如果要删除所有文档的打印，可选择"打印机"→"取消所有文档"命令。

此外，在文档的具体打印过程中，任务栏时钟图标的旁边将出现打印机图标，用户可以通过该图标进行打印队列的各种管理。文档打印结束后，该图标会自动消失。

任务 3：添加或删除输入法

（1）添加某种输入法。
（2）删除某种输入法。

任务 4： 系统和管理工具的应用

（1）查看并记录有关计算机的基本信息：

① 处理器 CPU：_____。

② 内存容量：_____。

③ 系统类型：_____。

④ 计算机名：_____。

⑤ 工作组：_____。

（2）磁盘管理。查看并记录当前系统中磁盘的分区信息，如表 1-1 所示。

表 1-1　磁盘分区信息

存 储 器		卷	文 件 系 统	容 量	可 用 空 间
磁盘 0	主分区				
	扩展分区				
磁盘 1	主分区				

（3）磁盘格式化操作。将 U 盘上所有用户的文件和文件夹备份到硬盘中，然后格式化 U 盘，并用自己的学号设置为卷标号，最后将备份的文件和文件夹重新复制回 U 盘。

（4）磁盘碎片整理程序。启动"磁盘碎片整理程序"，分析 C 盘，查看报告：

① 总的碎片：_____%。

② 文件碎片：_____%。

③ 若时间允许，对 C 盘进行碎片整理。

（5）设备管理器。进入"设备管理器"界面，记录下列信息：

① 磁盘驱动器的型号：_____。

② 显示适配器的型号：_____。

③ 网络适配器的型号：_____。

④ 是否存在有问题的设备？_____（有或没有）。

⑤ 是否存在驱动程序有问题的设备？_____（有或没有）。

（6）启动或关闭 Windows 防火墙。

【提示】

启动或关闭 Windows 防火墙：

双击"控制面板"窗口中的"操作中心"图标，打开"操作中心"窗口，如图 1-24 所示。在"安全"选项组中可以看到 Windows 防火墙已关闭，单击"立即启用"按钮，开启"Windows 防火墙"。如果要关闭 Windows 防火墙，可单击图 1-24 左侧导航中的"更改操作中心设置"超链接，弹出如图 1-25 所示的"更改操作中心设置"窗口，取消勾选"网络防火墙"复选框即可关闭 Windows 防火墙。

图 1-24 "操作中心"窗口

图 1-25 "更改操作中心设置"窗口

任务 5：常用附件的使用

（1）录音机。"录音机"实用程序可以完成录音、放音、编辑、剪接声音等操作。要录音时，需要一个传声器（即麦克风）。大多数声卡都有传声器插孔，将传声器插入声卡就可以使用录音机了。

（2）计算器。计算器分为"标准型计算器""科学型计算器""程序员"和"统计信息"。

（3）绘图。绘图可以给用户提供对图形进行编辑和绘图的功能，课外多练习掌握绘图工具的使用。

【提示】

（1）单击"开始"按钮，选择"所有程序"→"附件"→"录音机"命令，弹出"录音机"对话框，如图1-26所示，单击"开始录制"按钮，开始录音。

图1-26 "录音机"对话框

（2）单击"开始"按钮，选择"所有程序"→"附件"→"计算器"命令，打开"计算器"窗口，系统默认为"标准型计算器"。如果需要进行较复杂的科学运算，可以选择"查看"→"科学型"命令，如图1-27所示，即可切换为"科学型计算器"界面。

任务6：打开和关闭 Windows 7 功能

Windows 7 附带的某些程序和功能，必须在使用之前将其打开，不再使用时将其关闭即可。

【提示】

单击"开始"按钮，选择"控制面板"命令，在打开的窗口中双击"程序和功能"图标，在弹出的"程序和功能"窗口中，单击"打开或关闭 Windows 功能"，弹出如图1-28所示的"Windows 功能"窗口。若要打开某个 Windows 功能，选中该功能的复选框即可；若要关闭某个 Windows 功能，取消勾选其对应的复选框即可，再单击"确定"按钮。

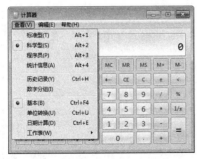

图1-27 "计算器"窗口

图1-28 "Windows 功能"窗口

文本处理 《《

模块二

 实验一 Word 文档的编辑与排版

一、实验目的

（1）熟悉 Word 窗口的组成，掌握文档的创建、保存与打开。

（2）掌握文本的输入和基本编辑方法。

（3）熟练掌握 Word 文档的字符格式设置。

（4）熟练掌握 Word 文档的段落格式设置。

（5）熟练掌握 Word 文档的页面设置。

二、实验内容

任务 1：文档的创建、保存及打开

（1）在 D 盘根目录上创建子目录，目录名形式为"学生姓名+学号后两位数"。例如，学生的姓名为"李霞"，学号后两位数为"01"，则目录名为"李霞 01"。（在本模块中，该目录简称为"学生目录"）

（2）启动 Word，仔细观察 Word 工作界面。将该文档保存在学生目录下，文档命名为"诗词欣赏.docx"。

（3）打开上述建立的文档"诗词欣赏.docx"。

任务 2：在文档中输入文本

在文档"诗词欣赏.docx"中输入以下内容：

沁园春·雪

一九三六年二月

北国风光，千里冰封，万里雪飘。

望长城内外，惟馀莽莽；大河上下，顿失滔滔。

山舞银蛇，原驰蜡象，欲与天公试比高。

须晴日，看红装素裹，分外妖娆。

江山如此多娇，

引无数英雄竞折腰。

惜秦皇汉武，略输文采；唐宗宋祖，稍逊风骚。

一代天娇，成吉思汗，只识弯弓射大雕。

俱往矣，数风流人物，还看今朝。

【注释】：

秦皇汉武、唐宗宋祖：秦始皇、汉武帝、唐太宗和宋太祖。

风骚：《诗经·国风》和屈原的《离骚》，泛指文学。

天娇："天之娇子"，见《汉书·匈奴传》。

成吉思汗：元太祖铁木真。

射雕：《史记·李广传》称匈奴善射者为"射雕者"。

【提示】

选择"插入"选项卡，在"符号"选项组中单击"符号"按钮，在弹出的下拉列表中单击"其他符号"选项，弹出"符号"对话框，如图 2-1 所示，可以在文档中插入"·"。

图 2-1　"符号"对话框

任务 3：对文本进行编辑

（1）将文本中所有的"天娇"中的"娇"和"娇子"中的"娇"替换为"骄"。

（2）为文本中的"馀"添加拼音。

【提示】

（1）在"查找和替换"对话框中选择"替换"选项卡，在"查找内容"文本框中输入"娇"，在"替换为"文本框中输入"骄"，如图 2-2 所示，单击"替换"按钮完成替换。

图 2-2　"查找和替换"对话框

注意：这时要单击"替换"按钮，不可单击"全部替换"按钮。

（2）添加拼音，先要选定对应的文字，然后选择"开始"选项卡，在"字体"选项组中单击"拼音指南"按钮，即可完成拼音的添加。

【思考】

如何将文中的"骄"全部改为红色？

任务4：对字符进行格式设置

（1）将标题"沁园春·雪"的字符格式设置为华文行楷、初号、"蓝色，强调文字颜色1，淡色40%"、加粗、阴影、字符间距加宽2磅。

（2）将"北国风光……还看今朝。"的字符格式设置为华文楷体、小三、深蓝。

（3）将"【注释】……'射雕者'。"的字符格式设置为宋体、四号。

【提示】

先选定要设置的文本，然后选择"开始"选项卡，在"字体"选项组中设置。

【思考】

如何为标题"沁园春·雪"设置文字效果"礼花绽放"？

任务5：对段落进行格式设置

（1）将标题"沁园春·雪"的段落格式设置为居中、段后两行。

（2）将"北国风光……'射雕者'。"的段落设置为1.5倍行距。

（3）将"【注释】:"所在段落设置为左缩进2字符。

（4）为"北国风光……还看今朝。"设置黄色段落底纹。

（5）为"秦皇汉武……'射雕者'。"的段落设置项目符号"◇"。

【提示】

（1）先选定要设置的文本，然后选择"开始"选项卡，在"段落"选项组中设置。

注意：段落缩进的单位有"厘米""字符""磅"等，设置时可在对应的文本框中直接输入。段前段后间距、行距的单位都不止一个，设置时均可在对应的文本框中直接输入。也可以选择"文件"→"选项"命令自行设置默认单位。

（2）先选定要设置的文本，然后选择"开始"选项卡，在"段落"选项组中单击"边框和底纹"按钮，弹出"边框和底纹"对话框，在"底纹"选项卡中进行设置。

注意：设置边框和底纹时，要注意应用对象的选择，应用于段落和应用于文字的效果不同。

（3）先选定要设置的文本，然后选择"开始"选项卡，在"段落"选项组中单击"项目符号"按钮，在弹出的下拉列表中进行设置。

【思考】

如何将"北国风光……'射雕者'。"的行距设置为16磅？

任务 6：对页面进行设置

（1）设置纸张方向为横向。

（2）将"北国风光……'射雕者'。"分为两栏，栏宽相等、间距 3 字符、加分隔线。

（3）设置页边距：上下各 2 cm；左右各 2.4 cm。

（4）设置页眉为"诗词欣赏"，左对齐、五号、宋体；设置页脚为"毛泽东诗词选集"，右对齐、五号、宋体。

【提示】

（1）选择"页面布局"选项卡，单击"页面设置"选项组右下角的对话框启动器按钮，在"页面设置"对话框中设置，如图 2-3 所示。

（2）先选定要分栏的文本，然后选择"页面布局"选项卡，在"页面设置"选项组中单击"分栏"按钮，在弹出的下拉列表中单击"更多分栏"选项，弹出"分栏"对话框，按照如图 2-4 所示进行设置。

图 2-3 "页面设置"对话框

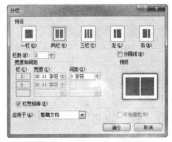

图 2-4 "分栏"对话框

（3）选择"插入"选项卡，在"页眉和页脚"选项组中单击"页眉"按钮，在弹出的下拉列表中单击"编辑页眉"可进入页眉和页脚的编辑状态，在页眉编辑区直接输入文字进行设置。

经过上述操作，"诗词欣赏"文档的排版效果如图 2-5 所示。

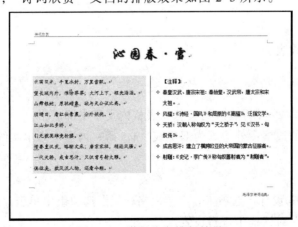

图 2-5 诗词欣赏排版效果

【思考】

如何将文字设置为竖向排列？

实验二 表 格 制 作

一、实验目的

（1）熟练掌握表格的创建、编辑与排版。

（2）初步熟悉在 Word 表格中使用公式和函数。

二、实验内容

任务1：创建表格

（1）启动 Word，将新建文档保存在学生目录下，命名为"学生成绩表.docx"。

（2）在"学生成绩表"文档中，创建如图 2-6 所示 5 行 5 列的表格。

（3）在表格中输入数据。

学生成绩表

科目 姓名	语文	数学	英语	总分
张宏	98	77	65	
李好	67	88	78	
刘小	77	99	75	
平均分				

图 2-6 学生成绩表

【提示】

（1）选择"插入"选项卡，在"表格"选项组中单击"表格"按钮，在弹出的下拉列表中单击"插入表格"选项，在"插入表格"对话框中指定行数、列数，即可创建表格。

注意：创建表格前，先输入一行文字"学生成绩表"作为表格的标题。

（2）将插入点定位在第 1 行第 1 列的单元格中，然后选择"表格工具/设计"选项卡，在"表格样式"选项组中单击"边框"下拉按钮，在弹出的下拉列表中单击"斜下框线"选项，绘出斜线表头，并输入表头文字。

【思考】

如何绘制多斜线表头？

任务 2：编辑、排版表格

（1）设置表格第 2～4 行底纹为黄色，表格内文字中部居中。

（2）设置表格的边框：外边框为双实线、1.5 磅；内边框为单实线、1 磅。

【提示】

选择"表格工具/设计"选项卡，在"表格样式"选项组中单击"边框"按钮，在弹出的"边框和底纹"对话框中进行设置。

【思考】

如何将表格第 1 行的下边框线条设置成红色？

任务 3：表格数据的统计

利用公式计算总分、平均分。

【提示】

（1）求总分：将光标置于要生成总分的空白单元格，然后选择"表格工具/布局"选项卡，在"数据"选项组中单击"公式"按钮，弹出"公式"对话框，公式文本框默认为"=sum(left)"，直接确定即可。

（2）求平均分：按上述方法打开"公式"对话框，公式文本框设置为"=average(above)"，确定即可，计算结果如图 2-7 所示。

学生成绩表

科目\姓名	语文	数学	英语	总分
张宏	98	77	65	240
李好	67	88	78	233
刘小	77	99	75	251
平均分	80.67	88	72.67	

【思考】

如何按语文成绩从高到低排序？

图 2-7　学生成绩表计算结果

实验三　图文混排、图形和公式

一、实验目的

（1）掌握艺术字的用法。
（2）熟练掌握图片的插入、编辑、格式化。
（3）掌握绘制图形的基本方法。
（4）掌握公式编辑器的基本用法。

二、实验内容

任务 1：使用艺术字

（1）将实验一完成的"诗词欣赏.docx"文档打开，另存为"诗词欣赏 2.docx"，保存在学生目录下。

（2）打开"诗词欣赏 2.docx"文件，将标题文字"沁园春·雪"设置为艺术字：样式为"艺术字库"中的第 4 行第 2 列；字体为华文行楷、48 号字、加粗。

（3）为艺术字"沁园春·雪"设置三维效果：三维样式 7。

【提示】

（1）设置艺术字，可以先选定文本，然后选择"插入"选项卡，在"文本"选项组中单击"艺术字"按钮，在弹出的下拉列表中单击样式，弹出艺术字文本框，如图 2-8 所示。

请在此放置您的文字

图 2-8　艺术字文本框

（2）输入艺术字，在"格式"选项卡的"艺术字样式"选项组中单击"文本效果"按钮，在弹出的下拉列表中单击"阴影"下的"阴影选项"按钮，弹出"设置文本效果格式"对话框，选择"三维格式"选项卡可设置三维效果，如图 2-9 所示。

【思考】

如何将艺术字"沁园春·雪"的颜色设置成预设颜色"雨后初晴"？

任务 2： 在文档中使用图片

（1）在文档中插入名为"北国风光"的图片。

图 2-9　设置三维效果

（2）图片设置格式：图片大小为高 3.8 厘米、宽为 24.8 厘米；亮度为 80%；对比度为 20%；衬于标题文字下方。

【提示】

（1）在文档中插入图片作为标题背景，先要将光标置于文档中标题处，选择"插入"选项卡，在"插图"选项组中单击"图片"按钮，弹出"插入图片"对话框，选择要插入的图片，如图 2-10 所示。

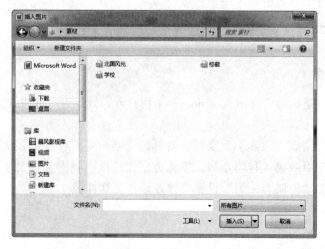

图 2-10　"插入图片"对话框

（2）设置图片格式时，先要选定图片，选择"图片工具/格式"选项卡，单击"大小"选项组右下角的对话框启动器按钮 ，弹出"设置图片格式"对话框。在"大小"选项卡中设置宽度和高度，在"图片"选项卡中设置亮度和对比度，在"版式"选项卡中设置衬于文字下方。

注意：

（1）在设置图片宽度和高度时，要先取消勾选"锁定纵横比"复选框才能准确进行设置，如图 2-11 所示。

图 2-11　取消勾选"锁定纵横比"复选框

（2）插入图片后，选定图片，会激活"图片"选项卡，在"大小"选项组中单击"裁剪"按钮，可以对图片进行裁剪，以适应文档的需求。

"诗词欣赏 2"文档插入图片后的效果如图 2-12 所示。

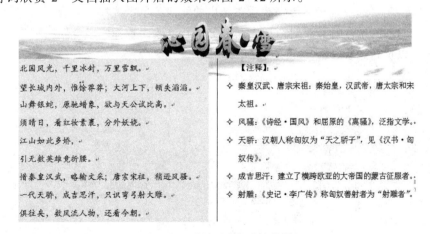

图 2-12　插入图片后的效果

【思考】

如何将图片以"紧密环绕"方式插入文档中？

任务 3：绘制图形

新建 Word 文档，将该文档保存在学生目录下，文档命名为"图形和公式.docx"。在文档中绘制如图 2-13 所示的图形。

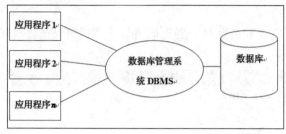

图 2-13   图形

【提示】

选择"插入"选项卡，在"插图"选项组中单击"形状"按钮，在弹出的下拉列表中单击"新建绘图画布"选项，即可进入绘图状态，同时"绘图工具/格式"选项卡被激活。可以使用"绘图工具/格式"选项卡绘制图形，如图 2-14 所示。

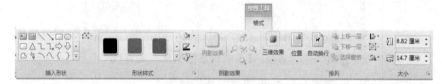

图 2-14   "绘图工具/格式"选项卡

注意：图形绘制完成后，为了便于对整个图形进行移动等操作，需要对图形进行组合。操作时，先要选中所有图形，然后在弹出的快捷菜单中选择"组合"→"组合"命令，如图 2-15 所示。若需要对图形中某部分进行修改，选择"组合"→"取消组合"命令，即可以重新进行编辑。

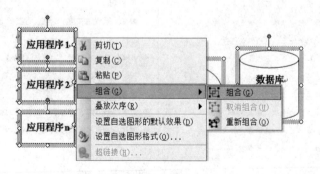

图 2-15   组合

【思考】

如何为图形设置线条颜色和填充颜色？

任务4：编辑公式

在"图形和公式.doc"文档中，编辑如图2-16所示的公式。

$$a_\Delta = 2\sin^{-1}(\min(1,\sqrt{c})) < \frac{a_0 v_a}{2}$$

图2-16　公式

【提示】

选择"插入"选项卡，在"符号"选项组中单击"公式"按钮，在弹出的下拉列表中单击"插入新公式"选项，激活"公式工具/设计"选项卡（见图2-17），可编辑公式。

图2-17　"公式工具/设计"选项卡

实验四　高级排版

一、实验目的

（1）掌握分节符、样式的用法。

（2）掌握目录的创建方法。

（3）综合利用排版知识制作板报。

二、实验内容

任务1：长文档排版

打开"实验素材"文件夹中的"毕业论文.docx"文档，按以下要求进行排版：

（1）一级标题：3号黑体。

（2）二级标题：小4号黑体。

（3）三级标题：小4号楷体。

（4）正文：小4号宋体；首行缩进2字符；行距：固定值22磅。

（5）表题、图题：小5号黑体、居中。

（6）参考文献：小5号楷体。

（7）页面设置：纸张大小为A4；页边距为上2.5 cm、下2.5 cm、左3.0 cm、右2.6 cm。

（8）自动创建目录：在封面后创建目录。

（9）创建分节符，并在不同的节中设置页码：论文封面不显示页码；目录部分单独分页，页码序号为形如Ⅰ、Ⅱ、Ⅲ的罗马数字，起始页码为Ⅰ；正文部分的页码序号为形如1、2、3的阿拉伯数字。所有节中的页码都居中。

【提示】

（1）在长文档中，三级标题的样式可以使用样式对格式进行设置。新建样式，先选择"开始"选项卡，单击"样式"选项组右下角的对话框启动器按钮，在弹出的下拉列表中单击"新建样式"按钮，弹出"根据格式设置创建新样式"对话框（见图 2-18），进行设置即可。

图 2-18　"根据格式设置创建新样式"对话框

（2）选择"页面布局"选项卡，单击"页面设置"选项组右下角的对话框启动器按钮，弹出"页面设置"对话框，在"纸张"选项卡中设置纸张大小；在"文档网格"选项卡中设置行数和每行的字符数。

（3）创建目录，先将插入点定位在正文的最前面，然后选择"引用"选项卡，在"目录"选项组中单击"目录"按钮，在弹出的下拉列表中单击"插入目录"选项，弹出"目录"对话框，如图 2-19 所示，在"目录"选项卡中单击"选项"按钮，弹出"目录选项"对话框，设置有效样式和目录级别，如图 2-20 所示。

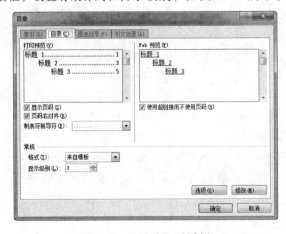

图 2-19　"目录"对话框　　　　图 2-20　"目录选项"对话框

【思考】

创建目录后，如何去除目录中页脚部分的页码？

任务2：板报的制作

制作如图 2-21 所示的板报，内容自拟，板报文件名应与板报内容一致。并将其保存在学生目录下，素材自行准备。

图 2-21　山水报

电子表格处理 <<<

实验一 Excel 工作表的创建、编辑与格式化

一、实验目的

（1）掌握工作簿的创建、保存及打开。

（2）熟悉工作表窗口的组成，掌握各种类型数据的输入方法。

（3）掌握格式化工作表的基本操作方法。

（4）熟练掌握工作表的插入、复制与移动、删除及重命名。

（5）掌握公式和函数的使用方法。

二、实验内容

任务 1：工作簿的创建、保存及打开

（1）在 D 盘根目录创建子目录，目录名形式为"学生姓名+学号后两位数"。例如，学生的姓名为"李红"，学号后两位数为"01"，则目录名为"李红 01"（在本模块中，该目录简称为"学生目录"）

（2）启动 Excel 2010，仔细观察 Excel 2010 工作界面。将该工作簿保存在学生目录下，工作簿命名为"学生成绩.xlsx"。

（3）打开上述建立的工作簿"学生成绩.xlsx"。

任务 2：在工作表中输入数据

在工作簿"学生成绩.xlsx"的工作表 Sheet1 中输入图 3-1 所示的数据。

	A	B	C	D	E	F	G	H	I	J
1	学生成绩表									
2	学号	姓名	性别	出生日期	大学语文	高等数学	大学计算机基础	总分	平均分	等级
3	081201	赵梅	女	1993-1-12	76	78	87			
4	081202	付彩虹	女	1992-7-6	89	97	100			
5	081203	杨乐乐	女	1995-3-2	75	66	58			
6	081204	李腾	男	1993-9-8	67	86	87			
7	081205	陈义	男	1994-5-5	59	97	76			
8	081206	刘璐璐	女	1993-8-8	56	75	90			
9	081207	李媛	女	1994-3-1	75	76	67			
10	081208	苏菁	女	1994-5-2	98	88	99			

图 3-1　在工作表中输入数据

【提示】

（1）输入学号数据时，为了能在前面显示 0，在西文状态下，应先输入单引号"'"。

（2）为了能实现学号的快速输入，先输入前面 A3 和 A4 单元格的两个学号，然后选中 A3 和 A4 单元格，往下拖动填充柄。

（3）输入日期时，先输入 4 位年份，再输入"–"或"/"，接着输入月份，再输入"–"或"/"，最后输入日。

任务 3：工作表的编辑与格式化

（1）将标题"学生成绩表"合并居中在单元格区域 A1:J1，并设置为黑体，20 磅，行高 35 磅。

（2）将 A2:J10 单元格区域中的数据设置为华文楷体，14 磅，居中显示；行高为"自动调整行高"，列宽为"自动调整列宽"。

（3）将 A2:J2 单元格区域设置为灰色底纹。

（4）将 A2:J10 单元格区域加上边框，其中外边框为橙色实线，内边框为绿色虚线。

（5）在 E3:G10 单元格区域设置数据有效性：要求输入整数，范围在 0 ~ 100 之间。当用户输入有误时，弹出"请输入 0 至 100 之间的整数！"的警示。

（6）在 E3:G10 单元格区域设置条件格式：将低于 60 分成绩用红色、加粗标识；大于或等于 90 分成绩用绿色、倾斜标识。

（7）对 B5 单元格加上标注"苗族"。

（8）分别使用求和函数和求平均值函数求出每个同学的总分和平均分，在 I11 单元格中求出所有同学的平均分。要求平均分保留一位小数；使用 if 函数完善每个同学的成绩等级，规定：若平均分高于或等于所有同学的平均分 10 分，等级为"A"；否则，若平均分高于或等于所有同学的平均分；等级为"B"，低于所有同学的平均分，等级为"C"。

（9）将出生日期设置为形如"1993 年 1 月 12 日"的形式，并适当调整 D 列的列宽。

（10）将 Sheet1 重命名为如下形式：学生所在专业+班级。例如，数学与应用数学 1 班。为方便起见，该工作表的名称在后面简称为学生成绩工作表。该工作表如图 3-2 所示。

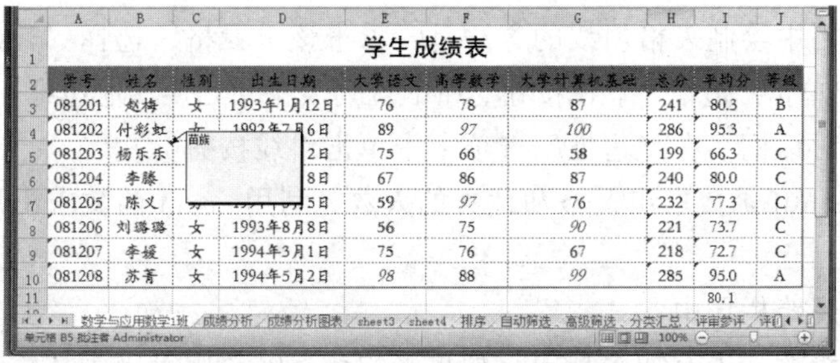

图 3-2　工作表的编辑与格式化

（11）将 Sheet2 重命名为"成绩分析"。在工作表中输入如图 3-3 所示的数据。其中，单元格 A1 中绘制了斜线表头。A1 中还插入了两个文本框，文本框的内容分别为"科目"和"类别"。

（12）通过公式和函数计算各科的平均分、最高分、最低分、及格率和优秀率。及格率=大于等于 60 分的人数/总人数，优秀率=大于或等于 85 分的人数/总人数。要求平均分保留一位小数；及格率和优秀率显示为百分比形式，且保留一位小数。"成绩分析"的操作结果如图 3-4 所示。

图 3-3 在"成绩分析"工作表中输入数据

图 3-4 "成绩分析"的操作结果

（13）保存该文件。

【提示】

（1）给单元格加入批注的方法：右击单元格，选择"插入批注"命令，将原有的文字删除，输入批注文字。

（2）单元格合并及居中：选择"开始"选项卡，在"对齐方式"选项组中单击"合并后居中"下拉按钮，在弹出的下拉列表中单击"合并后居中"按钮。

（3）"设置单元格格式"对话框在工作表的格式设置中使用频率最高。例如，要设置出生日期的格式，可以先选中要设置格式的单元格区域，右击，选择"设置单元格格式"命令，在弹出的"设置单元格格式"对话框中选择"数字"选项卡，选中"日期"类别，根据要求进行相应的设置即可；在"数字"选项卡的类别列表中，可以在数值前加上人民币、美元等货币符号，可以将数字显示成百分比的形式等。

（4）在单元格中绘制表格斜线的方法是：单击该单元格，选择"开始"选项卡，在"字体"选项组中单击"边框"下拉按钮，在下拉列表中单击"其他边框"选项，弹出"设置单元格格式"对话框，在"边框"选项卡中单击斜线按钮 ◫ 。

（5）利用 countif 函数求出及格和优秀的人数，利用 count 函数求出总人数。

【思考】

（1）如何实现跨栏居中？

（2）对于等级栏，若有如下规定：如果平均分≥90，则等级为"优秀"；如果 80≤

平均分<90分，等级为"良好"；如果70≤平均分<80分，等级为"中等"；如果60≤平均分<70分，等级为"及格"；否则等级为"不及格"。该如何修改if函数？

（3）如何分别统计男、女生的平均成绩？

实验二　数据化图表及数据管理

一、实验目的

（1）掌握图表的创建、编辑与格式化。
（2）掌握数据的排序、筛选。
（3）掌握数据的分类汇总。
（4）掌握数据透视表的使用。

二、实验内容

任务1：图表的创建、编辑与格式化

（1）打开学生目录下的"学生成绩.xlsx"文件，将各科平均分、最高分、最低分生成三维簇状柱形图。要求图表标题为"成绩分析"，分类（X）轴标题为"科目"，分类（Z）轴标题为"分数"；数据标签包括"值"；生成的图表放在新工作表中，新工作表的名称为"成绩分析图表"。将该工作表移到"成绩分析"工作表之后，如图3-5所示。

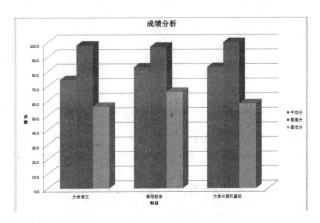

图3-5　各科平均分、最高分、最低分三维簇状柱形图

（2）对上述图表进行编辑、格式化。将图表标题设置为黑体、22磅、外部斜偏移阴影效果、字体颜色为浅蓝色、将分类轴标题"科目"和"分数"分别往右、向上移动；显示数据标签；将图表区的字体设置为倾斜、背景设置为"白色，背景1，深色5%"；将图例往上移动到合适位置；将平均分的数据标志设置为Times New Roman、16磅、深红色、加粗；最高分的数据标志设置为幼圆、16磅、蓝色，并将其往上微移到合适的位置；去掉主要网格线。编辑、格式化的柱形图如图3-6所示。

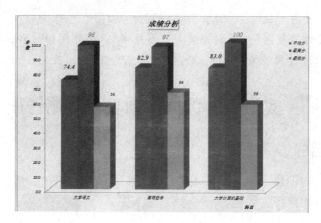

图 3-6　编辑、格化式后的柱形图

（3）将上述柱形图复制到"成绩分析"工作表的 A8:J36 单元格区域。

【提示】

（1）为了精确选择图表中的各对象，可以右击图表区，在弹出的工具栏中单击"图表元素"下拉按钮，单击相应的元素进行设置。若要格式化某个图表对象，可以双击该对象，在弹出的对话框中进行相应的设置。

（2）选择各对象后，可以右击选择相应的命令进行操作，也可以在"图表工具"选项卡的相应选项组中进行操作。

【思考】

如何将各科的及格率和优秀率分别做成饼图？

任务 2：数据管理

（1）建立学生成绩工作表（例如"数学与应用数学 1 班"）的副本，并将副本重命名为"排序"，对数据清单 A2:J10 按如下要求进行排序：首先按平均分降序排序，平均分相同时按大学计算机基础从高到低排序。排序结果如图 3-7 所示。

	A	B	C	D	E	F	G	H	I	J
1					学生成绩表					
2	学号	姓名	性别	出生日期	大学语文	高等数学	大学计算机基础	总分	平均分	等级
3	081202	付彤虹	女	1992年7月6日	89	97	100	286	95.3	A
4	081208	苏菁	女	1994年5月2日	98	88	99	285	95.0	A
5	081201	赵梅	女	1993年1月12日	76	78	87	241	80.3	B
6	081204	李睿	男	1993年9月8日	67	86	87	240	80.0	C
7	081205	陈义	男	1994年5月5日	59	97	76	232	77.3	C
8	081206	刘璐瑶	女	1993年8月8日	56	75	90	221	73.7	C
9	081207	李缓	女	1994年3月1日	75	76	67	218	72.7	C
10	081203	杨东乐	女	1995年3月2日	75	66	58	199	66.3	C
11									80.1	

图 3-7　排序结果

（2）建立学生成绩工作表（例如"数学与应用数学 1 班"）的副本，并将副本重命名为"自动筛选"，对数据清单 A2:J10 筛选出 75≤大学语文<90 的女学生情况。要求用自动筛选方法做。筛选结果如图 3-8 所示。

图 3-8　自动筛选结果

（3）建立学生成绩工作表（例如"数学与应用数学 1 班"）的副本，并将副本重命名为"高级筛选"，对数据清单 A2:J10 筛选出性别为"男"或大学语文成绩在 75～90 分之间的学生情况。要求采用高级筛选做，同时要求条件区域建立在 M3:N5 区域内。筛选结果放在以 A15 为左上角的矩形区域内。筛选结果如图 3-9 所示。

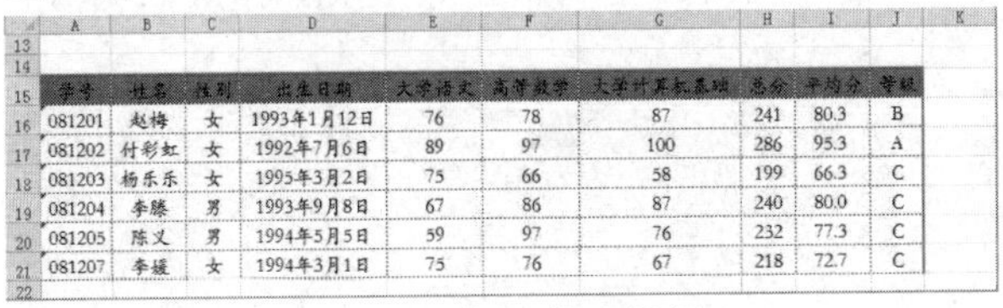

图 3-9　高级筛选结果

（4）建立学生成绩工作表（例如"数学与应用数学 1 班"）的副本，并将副本重命名为"分类汇总"，首先删除等级列，对数据清单 A2:J10 按性别分类汇总出"平均分"字段的平均值。分类汇总结果如图 3-10 所示。

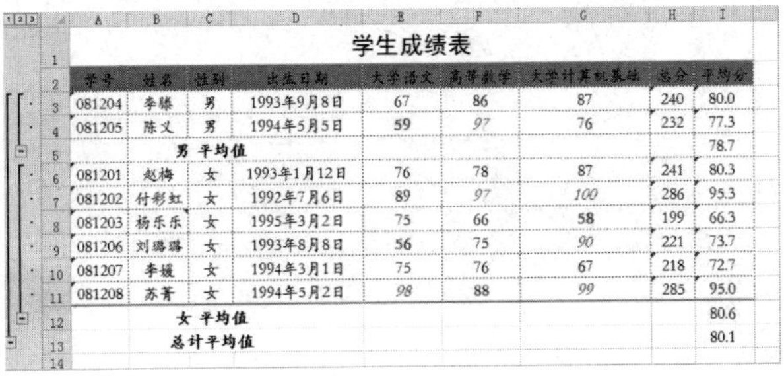

图 3-10　分类汇总结果

（5）在"学生成绩.xlsx"工作簿的最后插入一个新的工作表，并命名为"评审参评"，在该工作表中输入如图 3-11 所示的数据。要求按学校统计出每种职称的总人数，并将统计结果放在以 A14 为左上角的矩形区域内。统计结果如图 3-12 所示。

图 3-11　评审参评工作表　　　　　图 3-12　按学校汇总各类职称人数统计结果

【提示】

（1）在进行数据管理时，注意数据清单的选择，例如进行排序时，由于每个同学的平均分不能参与排序，就应将其排除在外。

（2）在进行分类汇总前，一定要先按分类字段排序。

【思考】

如何按性别汇总各科成绩的平均值？

演示文稿制作 ‹‹‹

实验一　演示文稿的创建与编辑

一、实验目的

（1）掌握演示文稿的创建、保存及打开。

（2）熟悉演示文稿的组成，掌握各种对象的插入方法。

二、实验内容

说明：首先教师给学生共享名为"模块四素材"的文件夹，该文件夹中有"photo""music""video""ppt"等子文件夹，每个子文件夹中有实验所需的素材。

任务1：演示文稿的创建、保存及打开

（1）在桌面上将"模块四素材"文件夹更名为"学生姓名+学号后两位数"形式。例如，学生的姓名为"李知"，学号后两位数为"01"，则文件夹名为"李知01"。（在本模块中，该文件夹简称为"学生文件夹"）

（2）启动 PowerPoint 2010，仔细观察 PowerPoint 2010 工作界面。将该演示文稿保存在学生文件夹下，演示文稿命名为"李白－将进酒.pptx"。

（3）打开上述建立的演示文稿"李白－将进酒.pptx"。

任务2：在幻灯片中添加对象

在演示文稿"李白－将进酒.pptx"的各张幻灯片中插入相关对象，如图 4-1 所示。

（1）将第 1 张幻灯片版式设置为"空白"，在幻灯片 1 上添加艺术字"将进酒"和"李白"，并将艺术字文字方向设置为竖向，插入学生文件夹下的"photo"子文件夹中的图片文件"李白 1.jpg"，位置如图 4-1 所示。

（2）将第 2 张幻灯片版式设置为"标题、文本和内容"，标题文字为"作者简介"，左侧文本为"李白（701—762），字太白，号青莲居士，是屈原之后我国最为杰出的浪漫主义诗人，有'诗仙'之称。与杜甫齐名，世称'李杜'。"右侧插入学生文件夹下"photo"子文件夹中的图片文件"李白 2.jpg"。

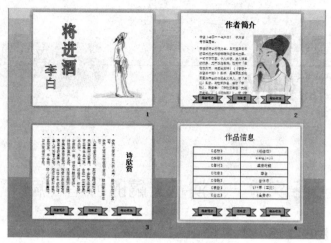

图 4-1　演示文稿参考效果

（3）将第 3 张幻灯片版式设置为"垂直排列标题与文本"。标题文字为"诗欣赏"，文本处为《将进酒》全文，内容如下：

君不见，黄河之水天上来，奔流到海不复回。

君不见，高堂明镜悲白发，朝如青丝暮成雪。

人生得意须尽欢，莫使金樽空对月。

天生我材必有用，千金散尽还复来。

烹羊宰牛且为乐，会须一饮三百杯。

岑夫子、丹丘生，将进酒，杯莫停。

与君歌一曲，请君为我倾耳听。

钟鼓馔玉不足贵，但愿长醉不复醒。

古来圣贤皆寂寞，唯有饮者留其名。

陈王昔时宴平乐，斗酒十千恣欢谑。

主人何为言少钱，径须沽取对君酌。

五花马，千金裘，呼儿将出换美酒，

与尔同销万古愁。

（4）将第 4 张幻灯片版式设置为"标题和内容"。标题文字为"作品信息"，表格为 2 列 7 行。表格内容如图 4-1 所示。

（5）在第 2、3、4 张幻灯片上相同位置上添加 3 个自选图形"上凸带形"。使得 3 个自选图形大小和水平位置一致，在垂直位置上间距一致。并分别添加文字为"作者简介""将进酒"和"作品信息"。

【提示】

（1）新建幻灯片时可以选择幻灯片版式，若需要修改版式，可以单击"开始"选项卡"幻灯片"选项组中的"版式"按钮进行设置。鼠标指针悬停在"幻灯片版式"任务窗格中的对象上时，PowerPoint 2010 会显示版式的名称。

（2）选择艺术字后，单击"绘图工具/格式"选项卡"艺术字样式"组中的对话框启动器按钮，弹出"设置文本效果格式"对话框，选择"文本框"选项卡，在"文本版式"中设置"文字方向"。

（3）选择多个对象（自选图形、图片、艺术字等）后，可以通过"绘图工具"选项卡"排列"选项组中的"对齐"按钮调整它们之间的位置。在"排列"选项组中还可以设置各对象在水平和垂直方向的相对对齐，而"横向分布"和"纵向分布"可以设置这些对象在水平或垂直方向间距达到一致，如图 4-2 所示。

图 4-2　对象对齐和分布

实验二　演示文稿的格式化与放映

一、实验目的

（1）掌握格式化演示文稿对象的基本操作方法。
（2）掌握幻灯片的动画技术。

二、实验内容

打开在"实验一"中建立的演示文稿"李白-将进酒.pptx"。

任务1：美化幻灯片的格式

（1）采用"龙腾四海"主题，并通过母版设置各幻灯片标题字体为"华文新魏"，内容字体为"隶书"，字体颜色均为蓝色。

（2）将幻灯片 1 中艺术字的字体设置为"华文行楷"，其中艺术字"将进酒"的高度为 10 cm，宽度为 3 cm，艺术字"李白"高度为 5 cm、宽度为 2.5 cm。"将进酒"艺术字填充为"预设"的"孔雀开屏"，"李白"艺术字填充颜色为"浅蓝"。给"将进酒"艺术字加上阴影效果（颜色：黑色；透明度：50%；大小：110%；虚化：12 磅；角度：320°；距离：100 磅）。

（3）给幻灯片 2 中的文字和图像加 1.5 磅黑色边框。文本框高度为 12 cm，宽度为 12 cm，设置文字字号 18 磅，行距 1.3。图片高度为 12 cm。文本和图像顶端对齐。

（4）设置幻灯片 3 中内容的字号为 22，行距设为 1.2 倍。将项目符号去掉。以学生文件夹下的"photo"子文件夹中的图片文件"李白 3.jpg"作为背景。

（5）调整幻灯片 4 中表格样式为"中度样式 4-强调 1"。单元格列宽为 10 cm、高度 1.5 cm，表格中内容设置垂直居中。

（6）自选图形上文字设置为楷体，并加粗和加阴影。设置每个图形超链接到对应的幻灯片上。

设置效果如图 4-3 所示。

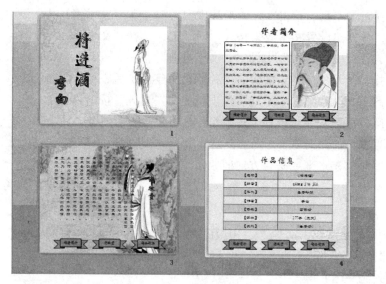

图 4-3　设置效果

【提示】

（1）在"设计"选项卡的"主题"选项组中选择模板时，直接单击某个模板即可将该模板应用到所有幻灯片。而右击某模板，则能在快捷菜单中选择"应用选定幻灯片"命令。鼠标指针悬停在模板预览对象上时，PowerPoint 2010 会显示该模板的名称。

（2）设置艺术字填充效果。选定艺术字后，单击"绘图工具/格式"选项卡"艺术字样式"选项组中的"文本填充"按钮，可以设置"图片""渐变""纹理"或"其他填充颜色"。在"艺术样式"选项组中还可以对"文本轮廓""文本效果"进行设置。如果需要更多的设置，可以单击 按钮。如果需要设置"文本框""自选图形"等对象的填充效果，则可以在"绘图工具/格式"选项卡的"形状样式"选项组中设置，操作方法与艺术字填充效果类似。

（3）占位符中的文本取消"项目符号和编号"后，会出现悬挂缩进，可以在标尺中进行调整。PowerPoint 2010 默认状态下，幻灯片不会出现标尺，可以在"视图"选项卡的"显示"选项组中进行设置。

（4）设置对象的超链接，可以是同一文档的某张幻灯片，也可以是其他文档，如另一演示文稿、Word 文档、电子邮件或 Internet 网站地址等。

任务 2：幻灯片的动画技术

（1）利用"自定义动画"设置幻灯片动画。

① 第 1 张幻灯片：艺术字采用"缩放"的进入效果，"单击鼠标"时产生动画；图片在之后从右侧切入出现。

② 第 2 张幻灯片：标题、文本和图像采用"楔入"的进入效果，当幻灯片切入时产生动画；文字为"作者简介"的自选图形采用"闪烁"的强调效果。

③ 第 3 张幻灯片：文本部分采用"按字母"出现的进入效果，"单击鼠标"时产生动画。

④ 第 4 张幻灯片：表格采用"字幕式"的进入效果。

（2）利用"幻灯片切换"设置幻灯片间切换。各幻灯片间的切换效果分别采用水平百叶窗、盒状收缩、水平梳理等效果。速度均设为"中速"，换片方式为通过鼠标。

【提示】

在"动画"选项卡下"动画"选项组中设置"动画"效果后（在"高级动画"选项组的"添加动画"命令中可以找到更多的动画），可再通过"计时"选项组设置"开始""持续时间""延时"等。若选择"高级动画"选项组中的"动画窗格"命令，则窗口右侧将会出现"动画窗格"任务窗格，选择任意动画并右击，在弹出的快捷菜单中可以进行效果设置，如图 4-4 所示。

（a）"动画窗格"任务窗格　　　（b）"效果"选项卡

图 4-4　自定义动画

【思考】

（1）除了艺术字，还有哪些对象能使用填充效果？

（2）如何给艺术字添加三维效果？

（3）添加图片后，可以利用"图片"工具栏对添加的图片进行哪些处理？

（4）若要在第 2 张幻灯片上实现鼠标指针移动到"李白"的图片上即可实现该图片强调效果的动画，应该如何设置动画？

实验三　综合演示文稿的制作

一、实验目的

综合利用演示文稿的制作方法制作集声音、视频、动画、图文于一体的演示文稿。为专业学习及日后在工作中制作综合多媒体演示文稿打下良好的基础。

二、实验内容

（1）放映"欣赏学生\pptx"文件夹下的"清华大学介绍.pptx"。

（2）制作在读学校介绍演示文稿，要求制作集声音、视频、动画、图形、文字等多媒体于一体的演示文稿。

数据库应用基础 <<<

实验一　数据库及表的建立和使用

一、实验目的

（1）掌握数据库的创建和打开。
（2）熟练使用表设计器创建表，设置主键。
（3）熟练掌握数据记录的输入及编辑方法。
（4）掌握表间关系的设置和编辑方法。

二、实验内容

任务 1：数据库的创建、关闭与打开

（1）在 D 盘根目录创建子目录，目录名形式为"学号后两位数+学生姓名"。例如，学生的姓名为"王五"，学号后两位数为"10"，则目录名为"10 王五"。并设置该目录为默认目录。

（2）启动 Access 2010，仔细观察 Access 2010 工作界面。新建名为"教务管理.accdb"的空数据库，并将其保存在默认目录下。

（3）关闭上述数据库后再打开它。

任务 2：表的创建和记录的输入

（1）在"教务管理"数据库中利用设计视图建立学生表、课程表、选课表、教师表及系部表这 5 个表的表结构。各表结构分别如表 5-1 ~ 表 5-5 所示。

表 5-1　学生表结构

序　　号	字 段 名 称	数 据 类 型	字 段 大 小	约　　束
1	学号	文本	11	主键
2	姓名	文本	20	非空
3	性别	文本	2	
4	民族	文本	20	
5	出生日期	日期/时间		
6	籍贯	文本	10	
7	系号	文本	4	
8	照片	OLE 类型		

表 5-2 课程表结构

序　号	字段名称	数据类型	字段大小	约　束
1	课程号	文本	8	主键
2	课程名称	文本	50	
3	开课学期	文本	2	
4	学时	数字	整型	
5	学分	数字	整型	
6	课程类别	文本	6	

表 5-3 选课表结构

序　号	字段名称	数据类型	字段大小	约　束
1	学号	文本	11	组合主键,外键
2	课程号	文本	8	组合主键,外键
3	成绩	数字	单精度	

表 5-4 教师表结构

序　号	字段名称	数据类型	字段大小	约　束
1	教师编号	文本	5	主键
2	姓名	文本	8	
3	性别	文本	2	
4	民族	文本	8	
5	出生日期	日期/时间		
6	职称	文本	8	
7	学历	文本	4	
8	工资	货币		
9	系号	文本	4	
10	参加工作日期	日期/时间		
11	家庭住址	文本	30	
12	邮政编码	文本	6	

表 5-5 系部表结构

序　号	字段名称	数据类型	字段大小	约　束
1	系号	文本	4	主键
2	系名称	文本	20	
3	负责人	文本	10	
4	电话	文本	16	
5	系主页	超链接		

（2）在表 5-1～表 5-5 中分别输入表的记录。各表的部分记录如图 5-1～图 5-5 所示。在输入记录时注意关系的完整性,例如选课表中的学号必须来自于学生表中的学号值。

学生							
学号	姓名	性别	民族	出生日期	籍贯	系	照片
10403003101	张小吉	女	蒙古	1990/7/11	上海	03	Bitmap Image
10403003102	肖琴	女	满族	1993/7/11	上海	03	Bitmap Image
10407001106	李鹏程	男	汉族	1991/5/19	长沙	01	Bitmap Image
11402007202	郭朝伟	男	满族	1990/7/25	哈尔滨	07	Bitmap Image
11403003101	张云	女	汉族	1992/7/11	长沙	03	Bitmap Image
11407001108	张小丽	女	汉族	1992/7/11	武汉	01	Bitmap Image

图 5-1　学生表

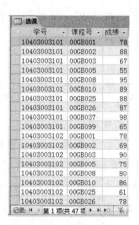

图 5-3　选课表

课程					
课程号	课程名称	开课学期	学时	学分	课程类别
00GB001	计算机基础	一	40	2	公选
00GB002	大学英语	一	72	4	必修
00GB003	大学体育	一	36	2	必修
00GB005	高等数学	一	80	4	必修
00GB008	三笔字	四	36	0	必修
00GB010	电路基础	二	80	4	必修
00GB025	网页设计与制作	五	40	2	限选
00GB026	数据结构	三	72	4	必修
00GB037	软件工程	五	64	3	限选
00GB099	毕业设计	八		8	实践
			0	0	

图 5-2　课程表

教师										
教师编	姓名	性别	民族	出生日期	职称	学历	工资	系	参加工作	家庭住址	邮政编码
01001	许蓉	男	汉族	1965/3/21	教授	本科	¥4,050.00	01	1983/1/10	长沙市枫林路1015号	410205
01002	杨小云	男	苗族	1968/3/11	教授	本科	¥3,900.00	01	1989/7/1	长沙市劳动路518号	410208
01003	吴修葵	女	瑶族	1978/7/5	讲师	硕士	¥2,100.00	01	2000/1/25	长沙市枫林路1015号	410002
01005	王震君	男	白族	1979/12/9	讲师	博士	¥2,000.00	01	2002/1/1	长沙市开元路375号	410002
02001	王一梅	女	彝族	1958/1/17	教授	本科	¥4,100.00	02	1978/12/1	长沙市芙蓉南路258号	410022
02002	盛晓君	女	白族	1976/1/1	副教授	硕士	¥2,700.00	02	1998/7/1	长沙市枫林路1015号	410205
02005	唐利斌	男	汉族	1974/12/16	副教授	博士	¥2,750.00	02	1995/7/1	长沙市书院路370号	410002
02022	吴卫东	男	彝族	1975/9/7	副教授	硕士	¥2,600.00	02	1996/7/1	长沙市枫林路1015号	410205
03001	余勇	男	满族	1966/12/27	教授	硕士	¥4,020.00	03	1988/7/1	长沙市八一路362号	410112
03002	徐静	女	回族	1974/10/3	讲师	博士	¥2,275.00	03	1994/7/15	长沙市枫林路1015号	410205
03003	袁圆	女	汉族	1975/9/7	讲师	本科	¥2,250.00	03	1997/7/15		

记录：第1项(共22项)　无筛选器　搜索

图 5-4　教师表

系部				
系号	系名称	负责	电话	系主页
01	教育科学系	许蓉	073182841032	xjdzb.hnfnu.edu.cn
02	数理系	王一梅	073182841056	slx.hnfnu.edu.cn
03	信息科学与工程系	余勇	073182841011	www.hnfnu.edu.cn/itd/
04	音乐系	李帆	073182841052	music.hnfnu.edu.cn
05	体育系	蒋一柱	073182841172	
06	文史系	雷达	073182841076	wsx.hnfnu.edu.cn
07	外语系	周庆	073182841096	dept.hnfnu.edu.cn/fld
08	经济管理系	彭奇	073182841025	
09	美术系	向果	073182841007	

记录：第2项(共9项)　无筛选器　搜索

图 5-5　系部表

（3）设置各表的主键。

（4）设置教师表的"性别"字段的有效性规则：年龄只能输入"男"或"女"。并设置对应的有效性文本，文本内容自定。

（5）设置"学生"表的"出生日期"字段的格式为"长日期"。

（6）设置"选课"表的"成绩"字段的有效性规则是"成绩"字段的值域只能为0~100的数值，否则提示"成绩只能介于0~100的数值！"；设置"选课表"的成绩字段保留两位小数。

（7）创建"学生"表的"性别"字段的查阅列表值是"男""女"两个数据。

（8）将"学生"表的"出生日期"字段的输入掩码格式设置为"中文短日期"。

【提示】

（1）表的创建：表的建立有使用设计视图创建表、使用向导创建表、通过输入数据创建表3种方式，如使用表设计器创建表步骤：单击"创建"选项卡"表格"选项组中的"表设计"按钮 进行设计，按字段在每一行输入字段名称、选择数据类型和必要的说明。

（2）设置主键：单击"学号"左侧的选定器按钮，单击"设计"选项卡"工具"选项组中的"主键"按钮 。

（3）有效性规则设置：教师性别有效性规则的设置，选择"性别"字段，在字段属性的"有效性规则"文本框中输入表达式："男"or"女"；成绩有效性规则的设置，选择"成绩"字段，在字段属性"有效性规则"文本框中输入"≥0 and≤100"，并在"有效性文本"文本框中输入"成绩只能是0~100之间的数值！"。

（4）创建查询列表值：选择"学生"表，单击"设计"按钮，打开其设计视图窗口；选择"性别"字段，将数据类型属性设置为"查询向导"，弹出"查询向导"对话框；选中"自行键入所需的值"单选按钮，单击"下一步"按钮，在弹出的对话框中输入固定值"男""女"；单击"下一步"按钮，用选定的"性别"作为标签，单击"完成"按钮并保存设置。

【思考】

（1）如何使用表向导和使用输入数据创建表？

（2）如何设置字段的默认值？

（3）标题属性的作用是什么？

（4）如何删除表之间的关系？

任务3：数据表的使用

（1）记录的修改，把"教师"表中"王震君"参加工作日期修改成"2000/7/1"。

（2）新增记录，在"教师"表新增记录："05002，王伟，男，学士，1980/3/9，讲师，本科，2050，05，2004/7/1，长沙市枫林路83号，410205"。

（3）记录的查找，查找教师表中姓"王"的记录。

（4）记录的替换，把教师表中地址"长沙市书院路370号"替换为"长沙市书院路356号"。

（5）隐藏字段，隐藏学生表中的"民族""出生年月"和"籍贯"。

（6）冻结字段，将教师表中的"教师编号"和"姓名"字段冻结。

（7）行高、字体的设置，设置教师表中记录的行高为22磅，字体为楷体，小四号。

（8）记录的排序，将学生表按出生年月降序排列。

（9）记录的筛选，筛选出教师表中所有教授的记录。

（10）子数据表的插入，在学生表中插入选课表。

（11）在数据库"教务管理.accdb"中的设置如图 5-6 所示的表与表之间的关系。

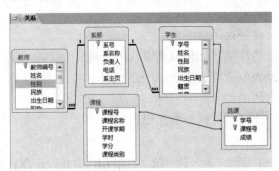

图 5-6　表间关系

【提示】

（1）记录的修改：在教师表的数据视图中，选定"王震君"的"参加工作日期"字段，输入"2000/7/1"，确认即可。

（2）新增记录：在"开始"选项卡的"记录"选项组中单击"新建"按钮，然后在新插入的记录行中输入新的记录项。

（3）记录查找：在教师表的数据表视图中，先选中"姓名"字段列，再单击"开始"选项卡"排序和筛选"选项组中的"筛选器"按钮，在弹出的列表中单击"文本筛选器"→"包含"选项，在弹出对话框的"自定义筛选"文本框中输入"王"，单击"确定"按钮。

（4）隐藏字段：在"学生"表的数据表视图中，选中"民族""出生年月"和"籍贯"字段，右击，在弹出的快捷菜单中选择"隐藏字段"命令。

（5）冻结字段：在"教师"表的数据表视图中，选中"教师编号"和"姓名"两列，右击，在弹出的快捷菜单中选择"冻结字段"命令。

（6）行高、字体设置：在"教师"表的数据视图中，选中一行，右击，在弹出的快捷菜单中选择"行高"命令，在"行高"对话框的文本框中输入"22"，单击"确定"按钮；选中整个表格，在"开始"选项卡的"文本格式"选项组中选择相应的字体和字号。

（7）记录的排序：在"学生"表的数据表视图中，将光标定位在"出生年月"字段列中，在"开始"选项卡的"排序和筛选"选项组中单击"降序"按钮。

（8）记录的筛选：在"教师"表的数据表视图中，将光标定在"职称"是"教授"的字段中，单击"开始"选项卡中的"筛选器"按钮，在弹出的列表中勾选"教授"复选框，如图 5-7 所示。

图 5-7　"筛选"对话框

（9）设置表间的关系：单击"数据库工具"选项卡中的"关系"按钮，打开"关系"

窗口。把数据库的表显示在窗口空白处；设置一对多的关系的方法：拖动系部"系号"到学生"系号"字段上，释放鼠标，通过系号建立一对多的关系。

【思考】

（1）如何一次性全部替换记录？

（2）如何解除字段的冻结，如何取消字段的隐藏？

（3）如何查找选课表中成绩大于 85 分的记录？

（4）如何删除表之间的关系？

（5）如何对表进行改名、复制和删除操作？

实验二　查询、窗体和报表的创建

一、实验目的

（1）掌握查询的创建方法。

（2）掌握在查询中设置条件以及对表中数据进行统计和分析的方法。

（3）掌握查询中创建新字段的方法。

（4）掌握创建窗体的方法。

（5）熟练掌握窗体中常用控件的使用和设置方法。

（6）掌握报表的创建方法。

（7）掌握报表中常用控件的使用方法。

二、实验内容

任务1：查询的创建

（1）使用简单查询向导在"教学管理"数据库中新建查询，查询名称为"教师基本信息查询"，要求在查询结果中有"教师编号""姓名""性别"和"职称"信息。

（2）在"教务管理"数据库中利用设计视图建立名为"学生成绩"的查询。要求查询成绩在 70 分以上的少数民族女学生的成绩情况，查询结果中包含学号、姓名、课程名称、成绩 4 个字段。

（3）查询每个学生的课程总分、平均分，平均分保留一位小数，查询名称为"学生的总分及平均分"。

（4）创建参数查询，按编号查询教师信息。

（5）创建交叉查询，查找各系部的教师中各种职称的人数，其中"系号"为行标题，"职称"为列标题，行列交叉值为统计人数，查询表名为"教师职称统计表查询"。

【提示】

（1）简单查询：打开"教学管理"数据库，单击"创建"选项卡"查询"选项组中的"查询向导"按钮，弹出"新建查询"对话框，选择"简单查询"，在"表/查询"下拉式列表中选择"表：教师"选项，把"教师编号""姓名""性别"和"职称"字段添加到"选定的字段"中，单击"下一步"按钮，在"请为查询指定标题"文本框中输入"教师基本信息查询"，单击"完成"按钮，完成查询设计。

（2）设计视图查询：单击"创建"选项卡"查询"选项组中的"查询设计"按钮，双击"学生表""选课表""课程表"将其添加到查询设计视图中，关闭"显示表"对话框，选择"学号""姓名""课程名称"和"成绩"字段，并设置"成绩"的条件为">70"，"性别"的条件为"女"，"民族"的条件为"not"汉族""并设置"性别"的"显示"为空、"民族"的"显示"为空，如图 5-8 所示，单击"运行"按钮。

（3）打开"查询设计"，并将"学生"表、"选课"表添加到设计视图中，在打开的"显示表"对话框中，双击"学生"表，把"学号""姓名"添加到设计网络中，再新定义两个字段"总分"和"平均分"来分别计算各科成绩总和及平均值。在"设计"选项卡的"显示/隐藏"组中单击"汇总"按钮，在"设计网络"中插入一个"总计"行，在"总计"栏的对应"总分"字段设置"总计"，对应"平均分"字段设置为"平均值"，如图 5-9 所示，将光标定位在"平均分"字段列，在"属性表"任务窗格中，设置"格式"为"标准"，小数位数为 1。

图 5-8　选择字段和设置条件

图 5-9　选择字段和创建新字段

（4）打开查询设计视图，将"教师"表添加到设计视图中，选择教师表中的所有字段，在"教师编号"字段对应的"条件"中输入"[请输入教师编号：]"，单击"运行"按钮，在打开的"输入参数值"对话框中输入一个教师编号，单击"确定"按钮。

（5）创建交叉查询，打开"教学管理"数据库，单击"创建"选项卡"查询"选项组中的"查询向导"按钮，弹出"新建查询"对话框，选择"交叉表查询向导"选项，在弹出的对话框中选择"表：教师"选项，单击"下一步"按钮，在"交叉表查询向导"指定行标题对话框中，选择"系号"为行标题，单击"下一步"按钮，选择"职称"为列标题，单击"下一步"按钮，在指定交叉点计算表达式"对话框中选择"教师编号"字段，选择"是，包含各行小计"复选框，选择"计算"函数选项，在下一步中指定查询的名称，输入"教师职称统计表查询"，完成设计，单击"完成"按钮。

【思考】

（1）如何创建操作查询？

（2）如何创建 SQL 查询？

任务 2：创建窗体

（1）自动创建学生的纵栏式窗体，要求（"学生成绩"查询对象为本实验中任务 1 第（1）小题所建立的查询）。

（2）利用"图表向导"创建名为"各系部教师的职称人数统计"窗体，首先创建相关查询，然后再建立窗体，图表类型为"柱形图"。

（3）设计"学生基本信息"窗体，设计效果如图 5-10 所示。

【提示】

（1）创建窗体时，如果表中没有相关数据源，那么在创建窗体之前先要设计查询。

（2）设计窗体时，拖动字段列表中的字段到主体节中放于适当的位置，并调整相对位置。

图 5-10　"学生基本信息"窗体

（3）在窗体页眉的适当位置通过"控件向导"添加一个组合框，在"组合框向导"对话框中，选中"在基于组合框中选定的值而创建的窗体上查找记录"单选按钮，并把"姓名"字段设为组合框中的列，并把组合框的附件标签的标题属性设为"请输入查询的学生姓名："。

（4）设计主/子窗体时，首先设计一个作为子窗体的窗体，然后设计主窗体，最后用子窗体控件将已设计好的子窗体添加到主窗体中，也可以将子窗体直接拖动到主窗体中。

（5）创建命令按钮时，按向导进行设置，在"操作"列表框中按不同的按钮功能选择不同的"记录导航"，在"确定显示文本还是图片"对话框中，选中"文本"单选按钮并输入相应的文字。

（6）控件字体的设置，设置控件字体时，选定控件，在控制的属性中修改字体。

【思考】

（1）窗体中的自动套用格式如何使用？

（2）如何创建切换面板？

任务 3：利用设计视图创建报表

（1）使用报表向导创建一个按"系部"分组，按"学号"排序的"学生信息"报表，报表包括"系名称""学号""姓名""性别""出生年月"等信息。

（2）在"教务管理"数据库中以"学生成绩"查询对象为数据源建立一个名为"学生成绩"的报表，如图 5-11 所示。

图 5-11　报表设计视图

【提示】

（1）创建报表时，如果没有数据源，那么可以先设计一个查询创建数据源，或打开查询生成器创建一个符合题要求的参数查询作为数据源。

（2）将要求的字段拖动到主体中，采用"剪切"和"粘贴"的方法，将其放在"页面页眉"节，并调整好位置。

（3）当前日期使用文本框，在文本框中放置"=now()"函数表达式。

（4）在"学号页脚"节中添加两个文本框控件，其附加标签分别命名为"平均值"和"总成绩"，两个文本框中输入对应的表达式："=Avg([成绩])"和"=Sum([成绩])"。

（5）不同的控件可以进行不同的格式设置。

【思考】

（1）如何生成报表的查询生成器？

（2）如何创建报表标签？

计算机网络与信息安全 《《

模块六

实验一　局域网基础

一、实验目的

（1）掌握简单的计算机网络配置的方法。
（2）掌握测试网络连接是否连通的方法。
（3）熟悉网上邻居的应用。
（4）掌握局域网资源共享的方法。

二、实验内容

任务1：查看网络相关配置

（1）右击"计算机"图标，选择"属性"命令，查看以下信息：
计算机的名称：＿＿＿＿＿＿＿＿＿＿＿＿＿＿＿＿。
计算机所属工作组的名称：＿＿＿＿＿＿＿＿＿＿＿＿。
（2）利用 ipconfig/all 命令，查看当前计算机以太网卡的配置信息：
IP 地址：＿＿＿＿＿＿＿＿＿＿＿＿＿＿＿＿。
MAC 地址：＿＿＿＿＿＿＿＿＿＿＿＿＿＿＿。
子网掩码：＿＿＿＿＿＿＿＿＿＿＿＿＿。
默认网关：＿＿＿＿＿＿＿＿＿＿＿＿＿。
首选 DNS：＿＿＿＿＿＿＿＿＿＿＿＿＿。
备用 DNS：＿＿＿＿＿＿＿＿＿＿＿＿＿。
（3）补充完整通过"网络连接"TCP/IP 查看 IP 地址与 DNS 服务器地址的步骤：
选择"本地连接"→"＿＿＿＿＿＿＿＿＿＿＿＿＿＿＿"→"属性"命令。

任务2：检查网络是否连通

（1）检查当前计算机的网络设置是否正常的方法：

```
ping 127.0.0.1
ping localhost
ping 当前计算机的 IP 地址
ping 当前计算机的机器名
```

（2）通过 ping 命令检查当前计算机到相邻同学的计算机是否连通。

（3）检查是否连通 Internet。

【提示】

（1）127.0.0.1 是回送地址，指本地机，一般用来测试使用。localhost 默认指向的 IP 是 127.0.0.1，也就是说 ping localhost 相当于 ping 127.0.0.1。

（2）可通过 ping 相邻同学计算机的 IP 地址和计算机名实现。

（3）可通过 ping Internet 上某台服务器的域名或 IP 地址检测，例如，ping www.163. com –t，图 6-1 所示是 Internet 连通的状态。

图 6-1 通过 ping 命令测试得到 Internet 连通状态

当 Internet 不能连通时，ping 命令显示的信息是：_____。

任务 3：网上邻居的应用

（1）通过网上邻居查看当前 Microsoft Windows Network 中工作组的数量_____；其中计算机最多的工作组名称为_____，此工作组的计算机数量为_____。

（2）简述通过网上邻居进入其他同学计算机的方法：_____。

任务 4：局域网资源共享

（1）在 D 盘根目录下创建一个以自己名字拼音首字母命名的文件夹，如 HEB，在此文件夹下创建一文本文件，命名为 TEST。

（2）将 HEB 文件夹设置为共享，权限为"只读"。

（3）邀请相邻同学访问自己的计算机，并复制 HEB 到他的计算机桌面。

（4）访问相邻同学的计算机，复制相邻同学计算机上共享的文件。

（5）将 HEB 文件夹共享权限设置为"允许网络用户更改这个文件夹"。

（6）共享当前计算机的整个 D 盘，并查看显示结果。

实验二　无线局域网基本配置

一、实验目的

（1）了解无线网络的概念，学习无线组网的方法。

（2）掌握无线网络接入点的安装过程。

（3）掌握通过 IE 浏览器配置无线网络接入点方法。

（4）掌握无线网络适配器的安装配置方法。

二、实验内容

本实验家庭式小型无线局域网模型如图 6-2 所示。

图 6-2　家庭式小型无线局域网模型

任务 1：连接无线接入点

（1）给接入点找一个最佳的位置：接入点的最佳位置一般位于无线网络的＿＿＿＿＿位置。

（2）无线接入点的＿＿＿＿＿端口是和以太网装置相连的，如集线器、开关或路由器。

任务 2：配置无线接入点

【提示】

不同的无线接入点设备配置不同，同学们可参考设备使用手册完成，大致步骤分成以下几点：

（1）启动安装光盘的安装程序，进入安装向导。

（2）选择一个无线接入点，对接入点进行下列配置：设置配置密码；设置接入点名称、IP 地址和子网掩码；设置无线网络的 SSID，选择与你的网络设定值相对应的信道，无线网络中所有的点都必须使用相同的信道；进行保密值设定，并保存设置结果。

任务 3：无线网络适配器的连接与配置

【提示】

现代计算机的发展迅猛，大多计算机设备如 iPad、智能手机和笔记本式计算机都本身自带了无线网络适配器，故不需要进行相关配置。但大多台式计算机需要外配接口的无线网络适配器，具体配置步骤如下：

（1）启动安装光盘的安装程序，进入安装向导。

（2）将无线网络适配器与计算机相连，安装适配器驱动软件。

实验三 网页制作

一、实验目的

（1）掌握简单网页的设计与制作。

（2）掌握 Dreamweaver 的基本操作。

二、实验内容

任务 1： 设计制作一个用户登录页面

（1）登录页面效果可参考图 6-3。

（2）"新用户注册"超链接到页面 reg.html。

（3）登录页面名称为 login.html。

任务 2： 设计个人主页

为自己设计一个个人主页，要求图文并茂。图 6-4 供参考。

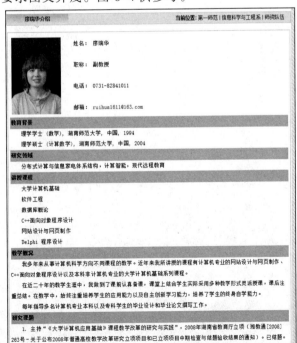

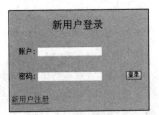

图 6-3 登录页面

图 6-4 个人主页

任务3：制作系部网站首页

为自己所在的系部网站设计一个主页，图 6-5 供参考。

图 6-5 系部网站主页

下篇
基础知识测试题

第1章

计算机应用基础
知识概述测试题 <<<

1.1 选 择 题

1. 冯·诺依曼计算机的工作原理是（　　）。

　　A. 程序设计　　　B. 程序调试　　　C. 算法设计　　　D. 存储程序和程序控制

2. （　　）是现代通用计算机的雏形。

　　A. 宾州大学于 1946 年 2 月研制成功的 ENIAC

　　B. 查尔斯·巴贝奇于 1834 年设计的分析机

　　C. 冯·诺依曼和他的同事们研制的 EDVAC

　　D. 艾兰·图灵建立的图灵机模型

3. 在计算机中，统一指挥和控制计算机各部分自动、协调一致地工作的部件是（　　）。

　　A. 控制器　　　B. 运算器　　　C. 存储器　　　D. CPU

4. 计算机的 CPU 每执行一个（　　），就完成一步基本运算或判断。

　　A. 语句　　　B. 指令　　　C. 程序　　　D. 软件

5. 计算机能按照人们的意图自动、高速地进行操作，是因为采用了（　　）。

　　A. 程序存储在内存　B. 高性能的 CPU　C. 高级语言　　D. 机器语言

6. 在下列关于图灵机的说法中，错误的是（　　）。

　　A. 现代计算机的功能不可能超越图灵机

　　B. 图灵机能计算的问题现代计算机也不能计算

　　C. 图灵机是真空管机器

　　D. 只有图灵机能解决的计算问题，实际计算机才能解决

7. 国际计算机界称（　　）为"计算机之父"。

　　A. 巴贝奇　　　B. 艾兰·图灵　　　C. 冯·诺依曼　　D. 霍德华·艾肯

8. 计算机科学的奠基人是（　　）。

　　A. 查尔斯·巴贝奇 B. 图灵　　　C. 阿塔诺索夫　　D. 冯·诺依曼

9. 世界上第一台通用计算机诞生于（　　）。

　　A. 1971 年　　　B. 1981 年　　　C. 1991 年　　　D. 1946 年

10. （　　）奠定了"人工智能"的理论基础，被称为"人工智能之父"。

A. 巴贝奇　　　　　B. 艾兰·图灵　　C. 冯·诺依曼　　D. 霍德华·艾肯

11. 第一代计算机采用的基本逻辑元器件是（　　　）。

　　A. 电子管　　　　B. 晶体管　　　　C. 集成电路　　　D. 大规模集成电路

12. 世界上第一台通用计算机的名称是（　　　）。

　　A. IBM　　　　　B. APPLE Ⅱ　　　C. MAC　　　　　D. ENIAC

13. （　　　）是指用计算机帮助各类设计人员进行工程或产品设计。

　　A. CAI　　　　　B. CAD　　　　　C. CAT　　　　　D. CAM

14. 计算机的发展阶段通常是按计算机所采用的（　　　）来划分的。

　　A. 内存容量　　　B. 电子器件　　　C. 程序设计语言 D. 操作系统

15. 在计算机系统中，任何外围设备必须通过（　　　）和主机相连。

　　A. 存储器　　　　B. 电线　　　　　C. 接口适配器　 D. CPU

16. 巨型机的计算机语言主要应用于（　　　）。

　　A. 数值计算　　　B. 人工智能　　　C. 数据处理　　　D. CAD

17. PC 属于（　　　）。

　　A. 巨型机　　　　B. 小型计算机　　C. 微型计算机　　D. 中型计算机

18. 从第一代计算机到第四代计算机的体系结构都是相同的。这种体系结构称为
（　　　）体系结构。

　　A. 艾兰·图灵　　B. 罗伯特·诺依斯C. 比尔·盖茨　　D. 冯·诺依曼

19. 从第一台计算机诞生到现在，按计算机采用的电子器件来划分，计算机的发展
经历了（　　　）个阶段。

　　A. 4　　　　　　B. 6　　　　　　C. 7　　　　　　D. 3

20. 大规模和超大规模集成电路芯片组成的微型计算机属于现代计算机阶段的（　　　）。

　　A. 第一代产品　 B. 第二代产品　 C. 第三代产品　 D. 第四代产品

21. 在软件方面，第一代计算机主要使用（　　　）。

　　A. 机器语言　　　　　　　　　　B. 高级语言

　　C. 数据库管理系统　　　　　　　D. BASIC 和 FORTRAN 语言

22. 计算机中的机器数有 3 种表示方法，下列（　　　）不属于这 3 种表示方式。

　　A. 反码　　　　　B. 原码　　　　　C. 补码　　　　　D. ASCII 码

23. 关于第四代计算机的特点描述错误的是（　　　）。

　　A. 速度达到每秒几百万次至上亿次 B. 内存采用集成度很高的半导体存储器

　　C. 外存使用大容量磁盘和光盘　　 D. 采用中小规模集成电路

24. 第三代计算机的逻辑器件是（　　　）。

　　A. 电子管　　　　　　　　　　　B. 晶体管

　　C. 中、小规模集成电路　　　　　D. 大规模、超大规模集成电路

25. 下面关于通用串行总线 USB 的描述，不正确的是（　　　）。

　　A. USB 接口为外设提供电源

　　B. USB 设备可以起集线器作用

　　C. 可同时连接 127 台输入/输出设备

D. 通用串行总线不需要软件控制就能正常工作

26. （　　　）的研制水平、生产能力及其应用程度，已成为衡量一个国家经济实力与科技水平的重要标志。

    A. 工作站　　　　B. 大型主机　　　　C. PC　　　　　　D. 巨型机

27. 物理器件采用晶体管的计算机被称为（　　　）。

    A. 第一代计算机　B. 第二代计算机　C. 第三代计算机　D. 第四代计算机

28. 下列（　　　）项不是计算机的基本特征。

    A. 运算速度快　　　　　　　　　　B. 运算精度高

    C. 具有超强的记忆能力　　　　　　D. 在某种程度上超过于"人脑"

29. 计算机最主要的工作特点是（　　　）。

    A. 程序存储与程序控制　　　　　　B. 高速度与高精度

    C. 可靠性　　　　　　　　　　　　D. 具有记忆能力

30. 计算机在气象预报、地震探测、导弹卫星轨迹等方面的应用都属于（　　　）。

    A. 过程控制　　　B. 数据处理　　　C. 科学计算　　　D. 人工智能

31. （　　　）现已广泛应用于办公室自动化、情报检索、事务管理等各行业的基本业务工作中，逐渐形成了一整套计算机信息处理系统。

    A. 过程控制　　　B. 数据处理　　　C. 科学计算　　　D. 人工智能

32. 计算机最早的应用领域是（　　　）。

    A. 科学计算　　　B. 数据处理　　　C. 过程控制　　　D. CAD/CAM/CIMS

33. 现代计算机之所以能自动地连续进行数据处理，主要是因为（　　　）。

    A. 采用了开关电路　　　　　　　　B. 采用了半导体器件

    C. 采用存储程序和程序控制的原理　D. 采用了二进制

34. 计算机系统的硬件一般是由（　　　）构成的。

    A. CPU、硬盘、鼠标和显示器

    B. 主机、显示器和键盘

    C. 主机、显示器、打印机和电源

    D. 运算器、控制器、存储器、输入设备和输出设备

35. （　　　）主要应用在机器人（Robots）、专家系统、模拟识别（Pattern recognition）、智能检索（Intelligent retrieval）等方面。

    A. 过程控制　　　B. 数据处理　　　C. 科学计算　　　D. 人工智能

36. 我国著名数学家吴文俊院士应用计算机进行几何定理的证明，该应用属于计算机应用领域中的（　　　）。

    A. 人工智能　　　B. 科学计算　　　C. 数据处理　　　D. 计算机辅助设计

37. 计算机系统软件中的汇编程序是一种（　　　）。

    A. 汇编语言程序　　　　　　　　　B. 编辑程序

    C. 翻译程序　　　　　　　　　　　D. 将高级语言转换成汇编语言程序的程序

38. 一个完整的计算机系统通常应包括（　　　）。

    A. 系统软件和应用软件　　　　　　B. 计算机及其外围设备

C. 硬件系统和软件系统　　　　　　D. 系统硬件和系统软件

39. 不属于计算机在人工智能方面应用的是（　　　）。

　　A. 语音识别　　　B. 手写识别　　　C. 自动翻译　　　D. 人事档案系统

40. 计算机辅助制造的简称是（　　　）。

　　A. CAD　　　　　B. CAM　　　　　C. CAE　　　　　D. CBE

41. 不属于数据处理应用的是（　　　）。

　　A. 管理信息系统　B. 办公自动化　　C. 实时控制　　　D. 决策支持系统

42. 工厂利用计算机系统实现温度调节、阀门开关，该应用属于（　　　）。

　　A. 过程控制　　　B. 数据处理　　　C. 科学计算　　　D. CAD

43. 程序计数器实质上也是一种寄存器，它是用来（　　　）。

　　A. 保存正在运行的指令　　　　　　B. 保存将取出的下一条程序

　　C. 保存下一条指令的地址　　　　　D. 保留正在运行的指令地址

44. 计算机和人下棋，该应用属于（　　　）。

　　A. 过程控制　　　B. 数据处理　　　C. 科学计算　　　D. 人工智能

45. 通常所说的 32 位机，指的是这种计算机的 CPU（　　　）。

　　A. 是由 32 个运算器组成的联单　　B. 能够同时处理 32 位二进制数据

　　C. 包含有 32 个寄存器　　　　　　D. 总共有 32 个运算器和控制器

46. 计算机辅助教学 CAI 是（　　　）。

　　A. 系统软件　　　B. 应用软件　　　C. 网络软件　　　D. 工具软件

47. 信息高速公路传送的是（　　　）。

　　A. 图像信息　　　B. 声音信息　　　C. 文本信息　　　D. 多媒体信息

48. 信息高速公路的基本特征是高速、交互和（　　　）。

　　A. 灵活　　　　　B. 方便　　　　　C. 广域　　　　　D. 直观

49. 下列设备中属于输入设备的是（　　　）。

　　A. 键盘、显示器　　　　　　　　　B. 鼠标、打印机

　　C. 键盘、鼠标　　　　　　　　　　D. 硬盘、光盘驱动器

50. 下列（　　　）项不属于信息技术。

　　A. 计算机　　　　B. 氢弹　　　　　C. 光学望远镜　　D. 结绳记事

51. 计算机系统的组成包括（　　　）。

　　A. 硬件系统和应用软件　　　　　　B. 外围设备和软件系统

　　C. 硬件系统和软件系统　　　　　　D. 主机和外围设备

52. 计算机系统硬件一般由（　　　）组成。

　　A. 控制器、磁盘驱动盘，显示器键盘组成

　　B. 输入/输出设备、存储器、运算器、控制器组成

　　C. 控制器、运算器、外存储器、显示器组成

　　D. 控制器、CPU、存储器、显示器组成

53. 计算机能够自动地按照人们的意图进行工作的最基本思想是程序存储，这个思想是由（　　　）提出来的。

A. 布尔　　　　　B. 图灵　　　　　C. 冯·诺依曼　D. 爱因斯坦

54. 计算机能够自动工作，主要是因为采用了（　　　）。

A. 二进制数制　B. 高速电子元件　C. 存储程序控制　D. 程序设计语言

55. 世界上不同型号的计算机的基本工作原理是（　　　）。

A. 程序设计　　　　　　　　　B. 程序存储和程序控制

C. 多任务　　　　　　　　　　D. 多用户

56. 计算机最主要的工作特点是（　　　）。

A. 程序存储与程序控制　　　　B. 高速度与高精度

C. 可靠性　　　　　　　　　　D. 具有记忆能力

57. 世界上不同型号的计算机，就其工作原理而言，一般认为都基于冯·诺依曼提出的原理（　　　）。

A. 二进制数　　B. 布尔代数　　C. 集成电路　　　D. 存储程序

58. （　　　）的功能是将计算机外部的信息送入计算机。

A. 输入设备　　B. 输出设备　　C. 软盘　　　　　D. 电源线

59. 以下叙述正确的是（　　　）。

A. 把系统软件中经常用到的部分固化后能够提高计算机系统的效率

B. 半导体 RAM 的信息可存可取，且断电后仍能保持记忆

C. 没有外围设备的计算机称为裸机

D. 执行指令时，指令在内存中的地址存放在指令寄存器中

60. 磁盘驱动器属于（　　　）设备。

A. 输入　　　　B. 输出　　　　C. 输入和输出　D. 以上均不是

61. 以下描述不正确的是（　　　）。

A. 内存与外存的区别在于内存是临时性的，而外存是永久性的

B. 内存与外存的区别在于外存是临时性的，而内存是永久性的

C. 平时说的内存是指 RAM

D. 从输入设备输入的数据直接存放在内存

62. 存储介质一般是（　　　）。

A. 光介质　　　B. 磁介质　　　C. 电介质　　　　D. 空气介质

63. 计算机一旦断电后，（　　　）设备中的信息会丢失。

A. 硬盘　　　　B. U 盘　　　　C. RAM　　　　　D. ROM

64. "溢出"一般是指计算机在运算过程中产生的（　　　）。

A. 数据量超过了内存量

B. 文件个数超过了磁盘目录区规定的范围

C. 数超过了机器的位所表示的范围

D. 数超过了变量的表示范围

65. 下列不是微机总线的是（　　　）。

A. 数据总线　　B. 地址总线　　C. 信息总线　　　D. 控制总线

66. 关于硬件和软件的关系，下列说法正确的是（　　　）。

A. 只要计算机的硬件档次足够高，软件怎么样无所谓

B. 要使计算机充分发挥作用，除了要有良好的硬件，还要有软件

C. 硬件和软件在一定条件下可以相互转化

D. 硬件性能好可以弥补软件的缺陷

67. 计算机存储单元存放的内容为（　　　）。

A. 指令　　　　　B. 数据或指令　　C. 数据　　　　　D. 程序

68. 关于 Flash 存储设备的描述，不正确的是（　　　）。

A. Flash 存储设备利用 Flash 闪存芯片作为存储介质

B. Flash 存储设备采用 USB 的接口与计算机连接

C. 不可对 Flash 存储设备进行格式化操作

D. Flash 存储设备是一种移动存储交换设备

69. 计算机的存储系统通常包括（　　　）。

A. U 盘和硬盘　　　　　　　　B. 内存储器和外存储器

C. ROM 和 RAM　　　　　　　D. 内存和硬盘

70. 计算机的存储系统一般指主存储器和（　　　）。

A. 累加器　　　B. 寄存器　　　C. 辅助存储器　　D. 鼠标

71. 加密型 U 盘具有对存储数据安全保密的功能，它通过（　　　）两种方法来确保数据的安全保密。

A. U 盘锁、数据加密　　　　　B. 密码、磁道加密

C. 保护口、数据加密　　　　　D. U 盘锁、隐含数据

72. 计算机的工作过程本质上就是（　　　）的过程。

A. 读指令、解释、执行指令　　B. 进行科学计算

C. 进行信息交换　　　　　　　D. 主机控制外设

73. 计算机的机器语言是用（　　　）编码形式表示的。

A. 条形码　　　B. BCD 码　　　C. ASCII 码　　　D. 二进制代码

74. 计算机的内存储器比外存储器（　　　）。

A. 更便宜　　　　　　　　　　B. 存取速度快

C. 存储信息更多　　　　　　　D. 贵且存储的信息较少

75. 计算机的内存储器可与 CPU（　　　）交换信息。

A. 不　　　　　B. 直接　　　　C. 部分　　　　D. 间接

76. 计算机的内存储器是由（　　　）构成的。

A. 随机存储器和 U 盘　　　　　B. 随机存储器和只读存储器

C. 只读存储器和控制器　　　　D. U 盘和硬盘

77. 计算机的主机指的是（　　　）。

A. 计算机的主机箱　　　　　　B. CPU 和内存储器

C. 运算器和控制器　　　　　　D. 运算器和输入/输出设备

78. 下面关于 ROM 的说法中，不正确的是（　　　）。

A. CPU 不能向 ROM 随机写入数据

B. ROM 中的内容在断电后不会消失

C. ROM 是只读存储器的英文缩写

D. ROM 是只读的，所以它不是内存而是外存

79. 微型计算机内存容量的基本单位是（　　　）。

A. 字符　　　　　B. 字节　　　　C. 二进制位　　D. 扇区

80. 计算机的内存容量通常是指（　　　）。

A. RAM 的容量　　　　　　　　　B. RAM 与 ROM 的容量总和

C. 硬盘的容量总和　　　　　　　D. RAM、ROM 和硬盘的容量总和

81. 计算机的指令格式，通常是由（　　　）两部分组成。

A. 字符与数字　　　　　　　　　B. 控制码与数据

C. 操作码与数据码　　　　　　　D. 操作码与地址码

82. 计算机的主存储器比辅助存储器（　　　）。

A. 更便宜　　　　　　　　　　　B. 存储更多的信息

C. 存取速度快　　　　　　　　　D. 虽贵，但能存储更多的信息

83. 计算机发生"死机"故障时，重新启动机器的最适当的方法是（　　　）。

A. 断电 30 s 后再开机　　　　　B. 按复位按钮启动

C. 热启动　　　　　　　　　　　D. 以上都不对

84. 下列描述中正确的是（　　　）。

A. 系统软件就是买来的软件，应用软件就是自己编写的软件

B. 一台计算机配了某语言，说明一开机就用这种语言编写和执行程序

C. 机器语言程序 CPU 可直接执行，高级语言程序须经过翻译才能执行

D. 计算机程序就是计算机软件，计算机软件就是计算机程序

85. 计算机内存中的只读存储器简称（　　　）。

A. EMS　　　　　　B. RAM　　　　C. XMS　　　　D. ROM

86. 指挥、协调计算机工作的设备是（　　　）。

A. 键盘、显示器　B. 存储器　　　C. 系统软件　　D. 控制器

87. 计算机软件分为两大类，它们是（　　　）。

A. 系统软件和应用软件　　　　　B. 管理软件和控制软件

C. 编译软件和应用软件　　　　　D. 系统软件和工具软件

88. 按 16×16 点阵存放国标 GB 2312—1980 中一级汉字（共 3 755 个）的汉字库，大约需占存储空间（　　　）。

A. 1 MB　　　　　B. 512 KB　　　C. 256 KB　　　D. 128 KB

89. 计算机通信的质量有两个最主要的指标（　　　）。

A. 数据传输速率和误码率　　　　B. 衰减和失效率

C. 高效率和正确率　　　　　　　D. 硬件利用率和软件利用率

90. 计算机外设的工作是靠一组驱动程序来完成的，这组程序代码保存在主板的一个特殊内存芯片中，这个芯片称为（　　　）。

A. Cache　　　　　B. ROM　　　　C. I/O　　　　　D. BIOS

91. 计算机正在执行的指令存放在（　　　）中。

    A. 控制器　　　　B. 内存储器　　　　C. 输入/输出设备　　　D. 外存储器

92. 一般来说，计算机指令的集合称为（　　　）。

    A. 机器语言　　　B. 程序　　　　　　C. 模拟语言　　　　D. 汇编语言

93. 计算机中，中央处理器由（　　　）组成。

    A. 内存和外存　　　　　　　　　　B. 运算器和控制器

    C. 硬盘和 U 盘　　　　　　　　　　D. 控制器和内存

94. 将微机的主机与外设相连的是（　　　）。

    A. 总线　　　　　　　　　　　　　B. 磁盘驱动器

    C. 内存　　　　　　　　　　　　　D. 输入/输出接口电路

95. 内存中每个存储单元都被赋予一个唯一的序号，称为（　　　）。

    A. 地址　　　　　B. 字节　　　　　　C. 字　　　　　　　D. 容量

96. 计算机应由 5 个基本部分组成，下面各项中，（　　　）不属于这 5 个基本组成。

    A. 运算器　　　　　　　　　　　　B. 控制器

    C. 总线　　　　　　　　　　　　　D. 存储器、输入设备和输出设备

97. 外存与内存有许多不同之处，外存相对于内存来说，以下叙述不正确的是（　　　）。

    A. 外存不怕停电，信息可长期保存

    B. 外存的容量比内存大得多，甚至可以说是海量的

    C. 外存速度慢，内存速度快

    D. 内存和外存都是由半导体器件构成

98. （　　　）不属于计算机的外部存储器。

    A. U 盘　　　　　B. 硬盘　　　　　　C. 内存条　　　　　D. 光盘

99. 能直接与 CPU 交换信息的功能单元是（　　　）。

    A. 硬盘　　　　　B. 控制器　　　　　C. 主存储器　　　　D. 运算器

100. 数据总线用于各器件、设备之间传送数据信息，以下说法错误的是（　　　）。

    A. 数据总线只能传输 ASCII 码　　　B. 数据总线是双向总线

    C. 数据总线导线数与机器字长一致　D. 数据总线通常是指外部总线

101. 内存储器存储单元的数目多少取决于（　　　）。

    A. 字长　　　　　　　　　　　　　B. 地址总线的宽度

    C. 数据总线的宽度　　　　　　　　D. 字节数

102. 具有多媒体功能的微机系统，常用 CD-ROM 作为外存储器，它是（　　　）。

    A. 可读写的光盘存储器　　　　　　B. 只读 U 盘存储器

    C. 可抹型光盘存储器　　　　　　　D. 只读光盘存储器

103. 所谓"裸机"是指（　　　）

    A. 单片机　　　　　　　　　　　　B. 单板机

    C. 不装备任何软件的计算机　　　　D. 只装备操作系统的计算机

104. 智能 ABC 输入法是采用编码方案（　　　）。

    A. 音形码　　　B. 音码　　　　　　C. 形码　　　　　D. 顺序码

105. 一台计算机的字长是 4 个字节，这意味着（　　　　）。

A. 能处理的数值的最大为 4 位十进制数 9999

B. 能处理的字符串最多由 4 个英文字母组成

C. 在 CPU 中作为一个整体加以传送处理的二进制代码为 32 位

D. 在 CPU 运算的最大结果为 2^{32}

106. 在一般情况下，外存中存放的数据，在断电后（　　　　）丢失。

A. 不会　　　　B. 少量　　　　C. 完全　　　　D. 多数

107. 在下面的叙述中，正确的是（　　　　）。

A. 外存中的信息可直接被 CPU 处理

B. 键盘是输入设备，显示器是输出设备

C. 操作系统是一种很重要的应用软件

D. 计算机中使用的汉字编码和 ASCII 码是一样的

108. 在解释程序方式下，源程序需由（　　　　）程序边翻译边执行。

A. 编译　　　　B. 解释　　　　C. 操作　　　　D. 汇编

109. （　　　　）是传送控制信号的，其中包括 CPU 送到内存和接口电路的读写信号，中断响应信号等。

A. 光驱　　　　B. 地址总线　　　　C. 数据总线　　　　D. 控制总线

110. 汇编语言编制的一段程序，可以（　　　　）。

A. 在任意计算机系统中执行　　　　B. 在特定的计算机系统中执行

C. 由硬件直接识别并执行　　　　D. 在各种单板机上运行

111. 汇编语言是（　　　　）。

A. 面向问题的语言　　　　　　　　B. 面向机器的语言

C. 高级语言　　　　　　　　　　　D. 第三代语言

112. 将汇编语言编写的程序转换成目标程序用（　　　　）。

A. 汇编程序　　　　B. 服务程序　　　　C. 解释程序　　　　D. 编译程序

113. 机器语言编制的一段程序，可以（　　　　）。

A. 在任意计算机系统中执行　　　　B. 特定的计算机系统中执行

C. 由硬件直接识别并执行　　　　D. 在各种单板机上运行

114. 机器语言程序在机器内部是以（　　　　）编码形式表示的。

A. 条形码　　　　B. 拼音码　　　　C. 汉字码　　　　D. 二进制码

115. 机器语言是（　　　　）。

A. 计算机不需要任何翻译的就可以执行的语言

B. 一种通用性很强的语言

C. 需要翻译后计算机才能执行的语言

D. 面向程序员的语言

116. 机器指令是由二进制代码表示的，它能被计算机（　　　　）。

A. 直接执行　　B. 解释后执行　　C. 汇编后执行　　D. 编译后执行

117. 将高级语言编写的程序翻译成机器语言程序，采用的两种翻译方式是（　　　　）。

　　　A. 编译和解释　　B. 编译和汇编　　C. 编译和连接　　D. 解释和汇编

118. 将高级语言程序翻译成机器语言程序的是（　　　）。

　　　A. 编译程序　　　B. 汇编程序　　　C. 监控程序　　　D. 诊断程序

119. 计算机语言奠定基础的 10 年是指 20 世纪的（　　　）。

　　　A. 60 年代　　　B. 70 年代　　　C. 50 年代　　　D. 80 年代

120. 操作系统是（　　　）的接口。

　　　A. 主机与外设　　　　　　　　B. 系统软件与应用软件

　　　C. 用户和计算机　　　　　　　D. 高级语言和机器语言

121. 操作系统是对（　　　）进行管理的系统。

　　　A. 软件　　　　B. 硬件　　　　C. 计算机资源　　D. 应用程序

122. 解释程序边逐条解释边逐条执行，不保留（　　　）。

　　　A. 目标程序　　B. 文件　　　　C. 源程序　　　　D. 汇编程序

123. （　　　）是控制和管理计算机硬件和软件资源，合理地组织计算机工作流程以及方便用户的程序集合。

　　　A. 监控程序　　　B. 编译系统　　　C. 操作系统　　　D. 应用程序

124. 《计算机软件条例》中所称的计算机软件（简称软件）是指（　　　）。

　　　A. 计算机程序　　　　　　　　B. 源程序和目标程序

　　　C. 源程序　　　　　　　　　　D. 计算机程序及其有关文档

125. 解释程序的功能是（　　　）。

　　　A. 解释执行高级语言程序　　　B. 解释执行汇编语言程序

　　　C. 将汇编语言程序翻译成目标程序　　D. 将高级语言程序翻译成目标程序

126. 指令由电子计算机的（　　　）来执行。

　　　A. 控制部分　　　　　　　　　B. 存储部分

　　　C. 输入/输出部分　　　　　　　D. 算术和逻辑部分

127. 适用于系统软件开发的主要语言是（　　　）。

　　　A. ADA　　　　B. BASIC　　　C. Pascal　　　D. C

128. 数据库管理系统是一种（　　　）软件。

　　　A. 应用　　　　B. 编辑　　　　C. 会话　　　　D. 系统

129. 软件部分的核心是（　　　）。

　　　A. 程序　　　　B. 文档　　　　C. 机器语言　　　D. 高级语言

130. 软件的高科技含量主要是由（　　　）形成的。

　　　A. 计算机系统　　B. 应用领域　　C. 财力物力投入　D. 人的智力投入

131. 软件与程序的区别是（　　　）。

　　　A. 程序是用户自己开发的而软件是计算机生产商开发的

　　　B. 程序价格便宜而软件价格贵

　　　C. 程序是软件以及开发、使用和维护所需要的所有文档的总称

　　　D. 软件是程序以及开发、使用和维护所需要的所有文档的总称

132. 设计完成一段程序后，一般执行该段程序的（　　　）。

A. 源程序　　　　B. 汇编程序　　　　C. 目标程序　　　　D. 应用程序

133. 面向过程语言又称（　　　）。

A. 面向问题语言 B. 描述语言　　　C. 面向对象语言 D. 算法语言

134. 某公司的工资管理程序属于（　　　）。

A. 系统软件　　　B. 应用程序　　　C. 工具软件　　　　D. 文字处理软件

135. 目标程序是指（　　　）。

A. 为了某个目的编制的程序

B. 由源程序编译后产生的可执行机器指令序列

C. 汇编语言程序

D. 任意一段机器语言代码

136. 常规内存是指（　　　）组成的。

A. ROM　　　　　B. EPROM　　　　C. 字节　　　　　D. RAM

137. 目前比较常用的网络编程语言是（　　　）。

A. Java　　　　　B. FoxPro　　　　C. Pascal　　　　　D. C

138. 微机启动过程是将操作系统（　　　）。

A. 从磁盘调入中央处理器　　　　　B. 从内存调入高速缓冲存储器

C. 从 U 盘调入硬盘　　　　　　　　D. 从外存储器调入内存器

139. 微型计算机内存储器是（　　　）。

A. 按二进制位编址　　　　　　　　B. 按字节编址

C. 按字长编址　　　　　　　　　　D. 根据微处理器型号不同而编址不同

140. 数据 111H 最左边的 1 相当于 2 的（　　　）次方。

A. 8　　　　　　　B. 9　　　　　　C. 11　　　　　　D. 2

141. 下列各进制数中最大的数是（　　　）。

A. 227O　　　　　B. 1FFH　　　　C. 1010001B　　　D. 789D

142. （　　　）不是文件。

A. 设备　　　　　B. 文档　　　　　C. 应用程序　　　D. 窗口

143. 信息处理进入了计算机世界，实质上是进入了（　　　）的世界。

A. 模拟数字　　　B. 十进制数　　　C. 二进制数　　　D. 抽象数字

144. 在下列各种设备中，读取数据从快到慢的顺序为（　　　）。

A. RAM、Cache、硬盘、可移动磁盘

B. Cache，RAM、硬盘、可移动磁盘

C. Cache、硬盘、RAM、可移动磁盘

D. RAM、硬盘、可移动磁盘、Cache

145. 系统软件包括（　　　）。

A. 语言处理系统、文字处理系统、操作系统

B. 文件管理系统、网络系统、文字处理系统

C. 操作系统、语言处理程序、数据库管理系统

D. Word、Windows、VFP

146. 下列各数据信息中，（　　　）是模拟数据。

 A. 二进制数据 B. 计算机键盘键入的信号

 C. 电视图像信号 D. 文本信息

147. 对补码的叙述，正确的是（　　　）。

 A. 负数的补码是该数的反码最右加 1

 B. 负数的补码是该数的原码最右加 1

 C. 正数的补码就是该数的原码

 D. 正数的补码就是该数的反码

148. 计算机存储器容量的基本单位是字节，在表示存储容量时，M 的准确含义是（　　　）。

 A. 1 米 B. 1024 字节 C. 1024 位 D. 1024 万

149. 计算机的性能主要取决于（　　　）。

 A. 磁盘容量、内存容量、键盘 B. 显示器的分辨率、打印机的配置

 C. 字长、运算速度、内存容量 D. 操作系统、系统软件、应用软件

150. 计算机一般按进行（　　　）分类。

 A. 运算速度 B. 字长 C. 主频 D. 内存

151. 计算机一次存取、加工和传送的二进制数据的单位称为（　　　）。

 A. bit B. B C. Word D. KB

152. 计算机中，Byte 的中文意思是（　　　）。

 A. 位 B. 字节 C. 字 D. 字长

153. 计算机中的存储器容量一般是以 KB 为单位的，这里的 1 KB 等于（　　　）。

 A. 1 000 个字节 B. 1 000 个位 C. 1 024 位 D. 1 024 个字节

154. 计算机中的存储器是一种（　　　）。

 A. 输入部件 B. 输出部件 C. 控制部件 D. 记忆部件

155. 计算机中的字节是常用单位，它的英文名字是（　　　）。

 A. bit B. B C. bout D. baud

156. 计算机中最小的数据单位是（　　　）。

 A. 位 B. 字节 C. 字

157. 全角状态下，一个英文字符在屏幕上的宽度是（　　　）。

 A. 1 个 ASCII 字符 B. 2 个 ASCII 字符

 C. 3 个 ASCII 字符 D. 4 个 ASCII 字符

158. 十进制数 122 对应的二进制数是（　　　）。

 A. 1111101 B. 1011110 C. 111010 D. 1111010

159. 十进制数 125 对应的八进制数是（　　　）。

 A. 73 B. 137 C. 175 D. 172

160. 十进制数 92 转换为二进制数和十六进制数分别是（　　　）。

 A. 01011100 和 5C B. 01101100 和 61

 C. 10101011 和 5D D. 01011000 和 4F

161. 人们通常用十六进制而不用二进制书写计算机中的数，是因为（　　　）。
　　 A. 十六进制的书写比二进制方便　　B. 十六进制的运算规则比二进制简单
　　 C. 十六进制数表达的范围比二进制大　D. 计算机内部采用的是十六进制

162. 十进制数 125 对应的十六进制数是（　　　）。
　　 A. 7D　　　　　B. 5F　　　　　C. 3B　　　　　D. 7B

163. 与十进制数 291 等值的十六进制数为（　　　）。
　　 A. 123　　　　B. 213　　　　C. 321　　　　D. 132

164. 十进制数 511 的八进制数是（　　　）。
　　 A. 756　　　　B. 400　　　　C. 401　　　　D. 777

165. 有一个数值 152，它与十六进制数 6A 相等，那么该数值是（　　　）。
　　 A. 二进制数　　B. 十进制数　　C. 八进制数　　D. 四进制数

166. 十进制数 511 的二进制数是（　　　）。
　　 A. 111101110　　B. 100000000　　C. 100000001　　D. 111111111

167. 在不同进制的 4 个数中，最大的一个数是（　　　）。
　　 A. 01010011B　　B. 77O　　　C. CFH　　　　D. 78D

168. 汉字的国标码由两个字节组成，每个字节的取值均在十进制（　　　）范围内。
　　 A. 33～126　　B. 0～127　　　C. 161～254　　D. 32～127

169. 以下式子中不正确的是（　　　）。
　　 A. 1101010101010B>FFFH　　　　B. 123456<123456H
　　 C. 1111>1111B　　　　　　　　　D. 9H>9

170. 十六进制数 FF.1 转换成十进制数是（　　　）。
　　 A. 255.0625　　B. 255.125　　C. 127.0625　　D. 127.125

171. 在计算机内部，数据是以（　　　）形式加工、处理和传送的。
　　 A. 十进制码　　B. 八进制码　　C. 二进制码　　D. 十六进制码

172. 二进制数 1110111 转换成十进制数是（　　　）。
　　 A. 117　　　　B. 319　　　　C. 219　　　　D. 119

173. 微处理器是把（　　　）作为一整体，采用大规模集成电路工艺在一块或几块芯片上制成的中央处理器。
　　 A. 内存与中央处理器　　　　　　B. 运算器和控制器
　　 C. 主内存　　　　　　　　　　　D. 中央处理器和主内存

174. 微处理器又称（　　　）。
　　 A. 运算器　　B. 控制器　　　C. 逻辑器　　　D. 中央处理器

175. 计算机的内存储器简称内存，它是由（　　　）组成。
　　 A. 随机存储器和硬盘　　　　　　B. 随机存储器和只读存储器
　　 C. 只读存储器和控制器　　　　　D. 寄存器组

176. 微机系统与外部交换信息主要通过（　　　）。
　　 A. 输入/输出设备　　　　　　　B. 键盘
　　 C. 鼠标　　　　　　　　　　　　D. 显示器

177. 微机正在工作时电源突然中断供电，此时计算机（　　　）中的信息全部丢失，并且恢复供电后也无法恢复这些信息。

  A. RAM   B. ROM   C. 硬盘   D. U 盘

178. 下列说法错误的是（　　　）

  A. 计算机的工作就是顺序地执行存放在存储器中的一系列指令

  B. 指令是一组二进制代码，规定由计算机执行程序的一步操作

  C. 指令系统有一个统一的标准，所有的计算机指令系统相同

  D. 为解决某一问题而设计的一系列指令就是程序

179. 微机中，运算器又称（　　　）。

  A. 算术运算单元   B. 逻辑运算单元

  C. 加法器   D. 算术逻辑单元

180. 下列叙述中，正确的说法是（　　　）。

  A. 键盘、鼠标和绘图仪都不是输出设备

  B. 打印机、显示器、数字化仪都是输出设备

  C. 显示器、扫描仪、打印机都不是输入设备

  D. 键盘、鼠标、光笔、数字化仪和扫描仪都是输入设备

181. 微型计算机系统采用总线结构将 CPU、存储器和外围设备进行连接。总线通常由 3 部分组成，它们是（　　　）。

  A. 数据总线、地址总线和控制总线 B. 数据总线、信息总线和传输总线

  C. 地址总线、运算总线和逻辑总线 D. 逻辑总线、传输总线和通信总线

182. 微型计算机必不可少的输入/输出设备是（　　　）。

  A. 键盘和显示器   B. 键盘和鼠标

  C. 显示器和打印机   D. 鼠标和打印机

183. A/D 转换的功能是将（　　　）。

  A. 模拟量转换为数字量   B. 数字量转换为模拟量

  C. 声音转换为模拟量   D. 数字量和模拟量的混合处理

184. 微型计算机诞生于（　　　）。

  A. 第一代计算机时期   B. 第二代计算机时期

  C. 第三代计算机时期   D. 第四代计算机时期

185. 微型计算机的主要部件包括（　　　）。

  A. 电源、打印机、主机   B. 硬件、软件、固件

  C. CPU、中央处理器、存储器 D. CPU、存储器、I/O 设备

186. 微型计算机的字长取决于的宽度（　　　）。

  A. 控制总线 B. 地址总线 C. 数据总线 D. 通信总线

187. 微型计算机接口位于（　　　）之间。

  A. CPU 与内存   B. CPU 与外围设备

  C. 外围设备与微机总路线   D. 内存与微机总线

188. 微型计算机的（　　　）基本上决定了微机的型号和性能。

A．内存容量　　B．CPU 类型　　　C．软件配置　　　D．外设配置

189．微型计算机的发展阶段是根据下列（　　　）设备或器件决定的。

A．输入/输出设备　　　　　　　B．微处理器

C．存储器　　　　　　　　　　D．运算器

190．微型计算机的计算精度的高低主要表现在（　　　）。

A．CPU 的速度　　　　　　　　B．存储器容量的大小

C．硬盘的大小　　　　　　　　D．数据表示的位数

191．微型计算机外（辅）存储器是指（　　　）。

A．RAM　　　　B．ROM　　　　C．磁盘　　　　D．虚盘

192．完整的计算机硬件系统一般包括外围设备和（　　　）。

A．运算器和控制器　B．存储器　　C．主机　　　　D．中央处理器

193．微型计算机与并行打印机连接时，应将信号插头插在（　　　）。

A．扩展槽插口上　B．串行插口上　C．并行插口上　D．串并行插口上

194．微型计算机中，控制器的基本功能是（　　　）。

A．实现算术运算和逻辑运算　　B．存储各种控制信息

C．保持各种控制状态　　　　　D．控制机器各个部件协调一致地工作

195．微型计算机中的内存储器的功能是（　　　）。

A．存储数据　　　　　　　　　B．输入数据

C．进行运算和控制　　　　　　D．输出数据

196．微型计算机中的外存储器，可以与下列（　　　）部件直接进行数据传送。

A．运算器　　　B．控制器　　　C．微处理器　　　D．内存储器

197．微型计算机中使用的鼠标器连接在（　　　）。

A．打印机接口上的　　　　　　B．显示器接口上的

C．并行接口上的　　　　　　　D．串行接口上的

198．微型计算机的结构原理是采用（　　　）结构，它使 CPU 与内存和外设的连接简单化与标准化。

A．总线　　　　B．星型连接　　C．网状　　　　D．层次连接

199．微型计算机的内存为 16 MB，指的是其内存容量为（　　　）。

A．16 位　　　B．16 M 字　　　C．16 M 字节　　D．16 000 字

200．微型计算机的性能主要取决于（　　　）。

A．CPU　　　　B．硬盘　　　　C．显示器　　　D．RAM

201．微型计算机的性能主要是由微处理器来决定，故其分类通常以微处理器的（　　　）来划分。

A．价钱高低　　B．字长　　　　C．性能　　　　D．规格

202．磁盘的磁面有很多半径不同的同心圆，这些同心圆称为（　　　）。

A．扇区　　　　B．磁道　　　　C．磁柱　　　　D．字节

203．磁盘缓冲区是（　　　）。

A．磁盘上存放暂存数据的存储空间

B. 读写磁盘文件时用到的内存中的一个区域

C. 在 ROM 中建立的一个保留区域

D. 上述三者都不对

204. 微型计算机的硬盘是该机的（　　　）。

  A. 内（主）存储器   B. CPU 的一部分

  C. 外（辅）存储器   D. 数据输出设备

205. 微型计算机的中央处理器与（　　　）及其辅助部件组成了微机的主机。

  A. 运算器   B. 外存储器

  C. 内存储器   D. 内存储器和外存储器

206. 既是输入设备又是输出设备的是（　　　）。

  A. 磁盘驱动器   B. 键盘   C. 显示器   D. 鼠标

207. 在微型计算机的总线上单向传送信息的是（　　　）。

  A. 数据总线   B. 地址总线   C. 控制总线   D. 树形总线

208. 动态 RAM 的特点是（　　　）。

  A. 工作中需要动态地改变存储单元内容

  B. 工作中需要动态地改变访存地址

  C. 每隔一定时间需要刷新

  D. 每次读出后需要刷新

209. 除外存之外，微型计算机的存储系统一般指（　　　）。

  A. ROM   B. 控制器   C. RAM   D. 内存

210. 微型计算机采用总线结构（　　　）。

  A. 提高了 CPU 访问外设的速度   B. 可以简化系统结构、易于系统扩展

  C. 提高了系统成本   D. 使信号线的数量增加

211. 世界上第一台微型计算机是（　　　）位计算机。

  A. 4   B. 8   C. 16   D. 32

212. 下面关于微型计算机的发展方向的描述不正确的是（　　　）。

  A. 高速化、超小型化   B. 多媒体化

  C. 网络化   D. 家用化

213. 目前微型计算机中 CPU 进行算术运算和逻辑运算时，可以处理的二进制信息长度是（　　　）。

  A. 32 位   B. 16 位   C. 8 位   D. 以上 3 种都可以

214. 将一场精彩的世界杯足球比赛录像（约 100 min），高质量地保存在一张盘片上，应使用（　　　）

  A. U 盘   B. CD 盘   C. DVD 光盘   D. CVD 光盘

215. 在微型计算机中，I/O 是指（　　　）。

  A. 入口和出口包   B. 输入和输出   C. 硬盘和光盘   D. 内存和外存

216. 在计算硬盘的容量时，不要用到的参数的是（　　　）。

  A. 磁盘面数   B. 每簇扇区数   C. 每磁道扇区数   D. 每面磁道数

217. microchip 的中文名称是（　　　　）。

    A. 控制器　　　　B. 主存储器　　　　C. 运算器　　　　D. 中央处理器

218. 为解决 CPU 和主存的速度匹配问题，其实现可采用介于 CPU 和主存之间的（　　　　）。

    A. 光盘　　　　　B. 辅存　　　　　C. Cache　　　　D. 辅助软件

219. 下列叙述中，错误的是（　　　　）。

    A. 计算机要经常使用，不要长期闲置不用

    B. 计算机应避免频繁开关，以延长其使用寿命

    C. 计算机用几小时后，应关机一会儿再用

    D. 在计算机附近，应避免磁场干扰

220. 所谓微处理器的位数，就是计算机的（　　　　）。

    A. 字长　　　　　B. 字　　　　　C. 字节　　　　D. 二进制位

221. 某学校的财务管理程序属于（　　　　）。

    A. 应用软件　　　B. 系统软件　　　C. 编译软件　　　D. 多媒体软件

222. 下面关于基本输入/输出系统 BIOS 的描述不正确的是（　　　　）。

    A. 是一组固化在计算机主板上一个 ROM 芯片内的程序

    B. 它保存着计算机系统中最重要的基本输入/输出程序、系统设置信息

    C. 即插即用与 BIOS 芯片有关

    D. 对于定型的主板，生产厂家不会改变 BIOS 程序

223. 关于高速缓冲存储器 Cache 的描述，不正确的是（　　　　）。

    A. Cache 是介于 CPU 和内存之间的一种可高速存取信息的芯片

    B. Cache 越大，效率越高

    C. Cache 用于解决 CPU 和 RAM 之间速度冲突问题

    D. 存放在 Cache 中的数据使用时存在命中率的问题

224. 芯片组是系统主板的灵魂，它决定了主板的结构及 CPU 的使用。芯片有"南桥"和"北桥"之分，"南桥"芯片的功能是（　　　　）。

    A. 负责 I/O 接口以及 IDE 设备（硬盘等）的控制等

    B. 负责与 CPU 的联系

    C. 控制内存

    D. AGP、PCI 数据在芯片内部传输

225. 用高级语言编写的程序（　　　　）。

    A. 只能在某种计算机上运行　　　　B. 可直接执行

    C. 具有通用性和可移植性　　　　　D. 不占用内存空间

226. CPU 的主频是指（　　　　）。

    A. 速度　　　　　B. 总线　　　　　C. 时钟信号的频率　　D. 运算能力

227. 用于存储计算机输入/输出数据的材料及其制品称为（　　　　）。

    A. 输入/输出接口　　　　　　　　B. 输入/输出端口

    C. 输入/输出介质　　　　　　　　D. 输入/输出通道

228. SRAM 是（　　　）。

    A. 静态随机存储器   B. 静态只读存储器

    C. 动态随机存储器   D. 动态只读存储器

229. 数据一旦存入后，不能改变其内容，所存储的数据只能读取，但无法将新数据写入，所以称为（　　　）。

    A. 磁心   B. 只读内存   C. 硬盘   D. 随机存取内存

230. 下面关于总线描述，不正确的是（　　　）。

    A. IEEE 1394 是一种连接外围设备的机外总线，按并行方式通信

    B. 内部总线用于连接 CPU 的各个组成部件，它位于芯片内部

    C. 系统总线是连接微型计算机中各大部件的总线

    D. 外部总线是微型计算机和外围设备之间的总线

231. 随机存储器简称（　　　）。

    A. CMOS   B. RAM   C. ROM   D. DRAM

232. 通常计算机的存储器是一个由 Cache、主存和辅存构成的三级存储系统。辅存存储器一般可由磁盘、磁带和光盘等存储设备组成。Cache 和主存是一种（　　　）存储器。

    A. 随机存取   B. 相联存取   C. 只读存取   D. 顺序存取

233. DRAM 存储器是（　　　）。

    A. 静态随机存储器   B. 动态随机存储器

    C. 静态只读存储器   D. 动态只读存储器

234. 下列存储器中，存取速度最快的是（　　　）。

    A. U 盘   B. 硬盘   C. 光盘   D. 内存

235. 随机存储器 RAM 中的信息可以随机地读出或写入，当读出 RAM 中的信息时（　　　）。

    A. 破坏 RAM 中原保存的信息   B. RAM 中内容全部为 1

    C. RAM 中的内容全部为 0   D. RAM 原有信息保持不变

236. 下列设备中，（　　　）是输出设备。

    A. 键盘   B. 鼠标   C. 光笔   D. 绘图仪

237. 硬盘驱动器和适配器总称为（　　　）。

    A. 输入设备   B. 内存储器   C. 硬盘存储器   D. 只读存储器

238. 硬磁盘与软磁盘相比，具有（　　　）特点。

    A. 存储容量小，存取速度快   B. 存储容量大，存取速度快

    C. 存储容量小，存取速度慢   D. 存储容量大，存取速度慢

239. 硬盘上的扇区标志在（　　　）时建立。

    A. 低级格式化   B. 格式化   C. 存入数据   D. 建立分区

240. 硬盘和 U 盘是目前常见的两种存储介质，第一次使用时（　　　）。

    A. 可直接使用，不必进行格式化   B. 硬盘必须先进行格式化

    C. U 盘必须先进行格式化   D. 都必须先进行格式化

241. 在微型计算机中，I/O 是指（　　　）。

A. 入口和出口　　B. 硬盘和U盘　　C. 输入和输出　　D. 内存和外存

242. 在格式化磁盘时，系统在磁盘上建立一个目录区和（　　　）。

A. 查询表　　　　B. 文件结构表　　C. 文件列表　　　D. 文件分配表

243. 硬盘工作时，应注意避免（　　　）。

A. 光线太强　　　B. 强烈振动　　　C. 潮湿　　　　　D. 噪声

244. 在格式化磁盘时要注意，认为（　　　）是错误的。

A. 不同操作系统下格式化的软盘是不可通用的

B. 写保护装置起作用的磁盘无法被格式化

C. 格式化一个磁盘将破坏磁盘上的所有信息

D. 在DOS下被格式化过的磁盘不能在其他种类的微机操作系统下被格式化

245. 磁盘驱动器是一种辅助存储器设备，磁盘驱动器在寻找数据时（　　　）。

A. 盘片不动，磁头不动　　　　　　B. 盘片运动，磁头不动

C. 盘片及磁头都动　　　　　　　　D. 盘片及磁头都不动

246. 磁盘上的磁道是（　　　）。

A. 记录密度不同的同心圆　　　　　B. 记录密度相同的同心圆

C. 一条阿基米德螺线　　　　　　　D. 两条阿基米德螺线

247. 影响磁盘存储容量的因素是（　　　）。

A. 所用的磁面数目　　　　　　　　B. 磁道数目

C. 扇区数目　　　　　　　　　　　D. 以上都是

248. CD-ROM光盘具有（　　　）等特点。

A. 读写对称　　　B. 大容量　　　　C. 可重复擦写　　D. 高压缩比

249. 磁盘是直接存取设备，因此（　　　）。

A. 只能直接存取　　　　　　　　　B. 只能顺序存取

C. 既能顺序存取，又能直接存取　　D. 既不能直接存取，也不能顺序存取

250. CD-ROM是一种（　　　）的外存储器。

A. 可以读出，也可以写入　　　　　B. 只能写入

C. 易失性　　　　　　　　　　　　D. 只能读出，不能写入

251. 关于硬盘的描述，不正确的是（　　　）。

A. 硬盘片是由涂有磁性材料的铝合金构成

B. 硬盘各个盘面上相同大小的同心圆称为一个柱面

C. 硬盘内共用一个读/写磁头

D. 读/写硬盘时，磁头悬浮在盘面上而不接触盘面

252. 关于光介质存储器的描述，不正确的是（　　　）。

A. 光介质存储器是在微型计算机上使用较多的存储设备

B. 光介质存储器应用激光在某种介质上写入信息

C. 光介质存储器应用红外光在某种介质上写入信息

D. 光盘需要通过专用的设备读取盘上的信息

253. 在磁光存储光技术中使用记录信息的介质是（　　　）。

A. 激光电视唱片　　　　　　　　B. 数字音频唱片

C. 激光　　　　　　　　　　　　D. 磁性材料

254. 下列描述中，正确的是（　　　）。

A. 激光打印机是击打式打印机

B. U 盘是存储器

C. 计算机运算速度可用每秒执行的指令条数来表示

D. 操作系统是一种应用软件

255. 所谓热启动，是指（　　　）。

A. 计算机发热时应重新启动　　　B. 不断电状态下的重新启动

C. 重新由硬盘启动　　　　　　　D. 计算机的自动启动

256. 在微型机操作过程中，磁盘驱动器指示灯亮时，不能插取磁盘的原因是（　　　）。

A. 会损坏磁盘驱动器　　　　　　B. 可能将磁盘中的数据破坏

C. 影响计算机的使用寿命　　　　D. 内存中的数据将丢失

257. 下列叙述中，正确的是（　　　）。

A. 汉字的计算机内码是国标码

B. 存储器具有记忆能力，其中的信息任何时候都不会丢失

C. 所有二进制小数都能准确地转换为十进制小数

D. 所有十进制小数都能准确地转换为有限位二进制小数

258. 下列设备中，（　　　）不能作为微型机的输出设备。

A. 打印机　　　B. 显示器　　　C. 鼠标　　　　D. 多媒体音响

259. 下列设备中只能作为输出设备的是（　　　）。

A. 显示器　　　B. 鼠标　　　　C. 存储器　　　D. 磁盘驱动器

260. 根据打印机的原理及印字技术，打印机可分为（　　　）两类。

A. 击打式打印机和非击打式打印机　B. 针式打印机和喷墨打印机

C. 静电打印机和喷墨打印机　　　　D. 点阵式打印机和行式打印机

261. 关于计算机上使用的光盘，以下说法错误的是（　　　）。

A. 有些光盘只能读不能写

B. 有些光盘可以读也可以写

C. 使用光盘时必须配有光盘驱动器

D. 光盘是一种外存储器，它完全依靠盘表面的磁性物质来记录数据

262. 激光打印机属于（　　　）。

A. 非击打式打印机　　　　　　　B. 热敏式打印机

C. 击打式打印机　　　　　　　　D. 点阵式打印机

263. 微型计算机使用的键盘中，【Shift】键是（　　　）。

A. 上挡键　　　B. 交替换挡键　　C. 空格键　　　D. 回车换行键

264. 微型计算机中最小的数据单位是（　　　）。

A. ASCII 码字符　B. 字符串　　　C. 字节　　　　D. 比特（二进制位）

265. 汉字字形码的使用是在（　　　）。

A. 输出时   B. 内部传送时

C. 输入时   D. 两台计算机之间交换信息时

266. 键盘工作时，应特别注意避免（　　　）。

    A. 光线直射   B. 强烈震动   C. 环境卫生不好 D. 噪声

267. 已知 8 位机器码 10110100，它是补码时，表示的十进制真值是（　　　）。

    A. -76   B. 76   C. -70   D. -74

268. 在微型计算机中，使用最广泛的字符编码是（　　　）

    A. BCD 码头   B. ASCII 码   C. 补码   D. 汉字编码

269. 用 MIPS 来衡量的计算机性能指标是（　　　）

    A. 运算速度   B. 存储容量   C. 可靠性   D. 处理能力

270. 下列因素中，对微机影响最小的是（　　　）

    A. 尘土   B. 噪声   C. 温度   D. 湿度

271. 在计算机内部用机内码而不用国标码表示汉字的原因是（　　　）。

    A. 有些汉字的国标码不唯一，而机内码唯一

    B. 在有些情况下，国标码有可能造成误解

    C. 机内码比国标码容易表示

    D. 国标码是国家标准，而机内码是国际标准

272. 在内存若汉字以 GB 2312—1980 的内码表示，已知存储了 6 字节的字符串，其十六进制内容依次为 6AH、B1H、D2H、53H、C8H、B4H，则这个字符串中有（　　　）个汉字。

    A. 1   B. 2   C. 3   D. 0

273. 汉字系统中的汉字字库中存放的是汉字的（　　　）。

    A. 机内码   B. 输入码   C. 字形码   D. 国标码

274. 在计算机内部，传送、存储、加工处理的数据和指令都是（　　　）。

    A. 拼音简码   B. 八进制码   C. ASCII 码   D. 二进制码

275. 数字符号 0 的 ASCII 码十进制表示为 48，数字符号 9 的 ASCII 码十进制表示为（　　　）。

    A. 56   B. 57   C. 58   D. 59

1.2 填 空 题

1. 计算机科学的奠基人是＿＿＿＿＿。

2. 根据 IEEE 的标准，计算机可划分为＿＿＿＿＿、＿＿＿＿＿、大型主机、小型机、工作站和个人计算机等 6 类。

3. 根据应用领域，计算机可分为专用机和＿＿＿＿＿。

4. 电子计算机的基本工作原理是＿＿＿＿＿。

5. 以"存储程序"的概念为基础的各类计算机统称＿＿＿＿＿。

6. 第一款商用计算机是 1951 年开始生产的＿＿＿＿＿计算机。

7. 计算机由 5 个部分组成，分别为_____、_____、_____、_____和输出设备。

8. 运算器是执行_____和_____运算的部件。

9. CPU 通过_____与外围设备交换信息。

10. 为了能存取内存的数据，每个内存单元必须有一个唯一的编号，称为_____。

11. 第一代电子计算机采用的物理器件是_____。

12. 大规模集成电路的英文简称是_____。

13. CAM 的含义是_____。

14. _____是指通过计算机和网络进行的商务活动。

15. 英文 CAI 指的是_____。

16. 主要的信息技术有计算机技术、通信技术等，其中_____被很多人认为是信息技术的核心。

17. 英文 AI 指的是_____。

18. _____都是信息技术。

19. 计算机及所以能够按照人的意图自动地进行操作，主要是因为采用了_____。

20. 用高级语言写的源程序，一般先形成源程序文件，再通过_____程序生成目标程序文件。

21. 微型计算机使用的键盘中，【Ctrl】键是_____。

22. 图灵在计算机科学方面的主要贡献是建立图灵机模型和提出了_____。

23. 微型计算机的核心部件是_____。

24. 信息技术的"四基元"是_____、_____、_____和_____。

25. 所谓信息素养，指_____。

26. 目前_____已成为计算机应用的主流。

27. 最先提出计算机程序存储原理概念的是_____。

28. 表示 8 种状态需要的二进制位数是_____。

29. 未来计算机将朝着微型化、巨型化、_____和智能化方向发展。

30. 将计算机外部信息传入计算机的设备是_____。

31. 源程序必须转换成计算机可执行的程序，该可执行的程序为该源程序的_____。

32. 运算器的主要功能是_____。

33. 指挥、协调计算机工作的设备是_____。

34. 指令构成的语言称为_____语言。

35. 在解释程序方式下，源程序需由_____程序边翻译边执行。

36. 指令是由_____发出的。

37. 指令在机器内部是以_____编码形式表示的。

38. 程序只有装入_____才能运行。

39. _____是用来存储程序及数据的装置。

40. 为解决某一特定问题而设计的指令序列称为_____。

41. "奔腾"型微机采用的逻辑器件属于_____。

42. CPU 按指令计数器的内容访问主存，取出的信息是_____；按操作数地址访问主存，取出的信息是_____。

43. 记录在磁盘上的一组相关信息的集合称为_____。

44. 直接通过总线与 CPU 连接的是_____。

45. 由二进制编码指令构成的语言称为_____。

46. 用高级语言编写的程序称为_____。

47. 800 个 24×24 点阵汉字字形码占存储单元的字节数为_____。

48. 衡量计算机运算速度的性能指标是_____。

49. 写字母"A"的 ASCII 码为十进制数 65，ASCII 码为十进制数 68 的字母是_____。

50. 英文 OS 指的是_____。

51. 用于表示计算机存储、传送、处理数据的信息单位的性能指标是_____。

52. 有一个数值 152，它与十六进制数 6A 相等，那么该数值是_____。

53. 二进制数右起第 10 位上的 1 相当于 2 的_____次方。

54. 在计算机中，内存与磁盘进行信息交换是以_____为单位进行的。

55. 已知 $[x]_\text{补}$=10001101，则 $[x]_\text{原}$ 为_____，$[x]_\text{反}$ 为_____。

56. 2 个字节代码可表示_____个状态。

57. 与二进制小数 0.1 等值的十六进制小数为_____。

58. 与十进制数 254 等值的二进制数是_____。

59. 在"全角"状态下，输入的字符和数字占据_____半角字符的位置。

60. 在计算机系统中，1 个字节的二进制位数为_____。

61. 根据用途及其使用的范围，计算机可以分为_____和专用机。

62. 微型计算机的种类很多，主要分成台式机、笔记本式计算机和_____。

63. 在数量上超过微型计算机的计算机系统是_____。

64. 未来新型计算机系统有光计算机、生物计算机和_____。

65. 人类生存和社会发展的三大基本资源是物质、能源和_____。

66. 在计算机应用中，英文缩写 OA 表示_____。

67. 在计算机中，1 MB 为_____字节。

68. 在计算机中，bit 是指_____。

69. 在计算机中，Bus 是指_____。

70. 在计算机中，存储容量的基本单位是_____。

71. 在进位计数制中，当某一位的值达到某个固定量时，就要向高位产生进位。这个固定量就是该种进位计数制的_____。

72. 在内存储器中，存放一个 ASCII 字符占_____。

73. 执行下列二进制算术加法运算：01010100 + 10010011，其运算结果是_____。

74. 智能 ABC 输入法是采用编码方案_____。

75. 将十进制数 101.1 转换成十六进制数是_____。

76. "32 位计算机"中的 32 指的是_____。

77. 地址总线是传送地址信息的一组线，总线还有数据总线和_____总线。

78. 第三代计算机语言是指_____。

79. 第一代计算机主要使用_____。

80. 将十进制整数转化为 R 进制整数的方法是_____。

81. 将十进制小数转化为 R 进制小数的方法是_____。

82. 十进制数 57.2D 分别转换成二进制数为_____B，八进制数为_____O，十六进制数为_____H。

83. 二进制数 110110010. 100101B 转换成十六进制数为_____H，八进制数为_____O，十进制数为_____D。

84. 假定一个数在机器中占用 8 位，则-23 的补码、反码、原码依次为_____、_____、_____。

85. 汉字输入时采用_____,存储或处理汉字时采用_____,输出时采用_____。

86. 和十进制数 225 相等的二进制数是_____。

87. 设一台计算机的内存容量为 512 KB，硬盘为 20 MB 容量，那么硬盘容量是内存容量的_____倍。

88. 在 SRAM、CD-ROM、磁带 3 种存储器中，当前最适合用来存储多媒体信息的是_____。

89. 主板 IDE 接口上可插接硬盘和_____。

90. 在存储系统中，PROM 是指_____。

91. 在微机中与 VGA 密切相关的设备是_____。

92. 软件系统分为_____软件和_____软件。

93. 没有软件的计算机称为_____。

94. 常用的输出设备是显示器、_____、_____、_____等。

95. 常用的输入设备是键盘、_____、_____、_____、_____、_____。

96. 由于计算机硬件的限制，在计算机内部，数的正和负号也只能用_____表示。

97. 按【Ctrl+Alt+Del】组合键的作用是_____。

98. 计算机发生"死机"故障时，重新启动机器的最适当的方法是_____。

99. 字长是指计算机_____之间一次能够传递的数据位，位宽是 CPU 通过外部数据总线与_____之间一次能够传递的数据位。

100. 微型计算机的中央处理器 CPU 由_____和_____两部分组成。

101. Cache 是介于_____之间的一种可高速存取信息的芯片，是 CPU 和 RAM 之间的桥梁。

102. 一个存储器容量为 32 MB，则此存储器至少有_____根地址线。

103. UPS 是指_____。

104. 为了避免混淆，十六进制数在书写时常在后面加字母_____。

105. 微型计算机的基本结构都是由_____、_____和_____构成。

106. 芯片组北桥负责与_____、AGP、PCI 数据在北桥内部传输。

107. 硬盘上的扇区标志在_____时建立。

108. 微型计算机的内部存储器按其功能特征可分为三类：_____、_____和_____。

109. 随机存取存储器简称_____。CPU 对它们既可读出数据又可写入数据。但是，一旦关机断电，随机存取存储器中的_____。

110. 用于表示计算机存储、传送、处理数据的信息单位的性能指标是_____。

111. 在存储一个汉字内码的两个字节中，每个字节的最高位分别是_____。

112. 采用 PCI 的微型计算机，其中 PCI 是_____。

113. 个人计算机大体可分为_____和_____两种。

114. _____的功能是从内部存储器中取出指令、解释指令并执行指令。

115. 微机内存用来保存_____。

116. 微机外存中的数据信息只有_____才能被 CPU 访问。

117. 目前使用的硬盘大多采用了_____制造技术，故又称温盘。

118. 超媒体概念的前身是超文本（Hypertext），该术语是美国人_____在 20 世纪 60 年代提出来的。

119. 微型计算机又称_____，简称_____。微型计算机的种类型很多，主要分成两类：_____和_____。

120. 常用的鼠标有_____和_____两种。

121. 微型计算机的内部总线用于连接_____的各个组成部件，它位于芯片内部。系统总线是指主板上_____的总线；外部总线则是_____之间的总线。

122. 根据在总线内传输信息的性质，总线可分为_____、_____和_____。

123. 如果按通信方式分类，总线可分为_____和_____。

124. PCI 外部设置互联总线是用于解决外围设备接口的总线。PCI 总线传送数据宽度为_____位，可以扩展到_____位，数据传输率可达 133 Mbit/s。

125. AGP 总线标准是一种可自由扩展的_____总线结构。

126. IEEE1394 是一种连接外围设备的机外总线，按_____方式通信。这种接口标准允许把计算机、_____、_____非常简单地连接在一起。

127. RS-232-C 是一种_____接口标准，串行端口插座分为 9 针和 25 针两种。

第 2 章

常用操作系统的应用测试题 «‹‹

2.1 选 择 题

1. 操作系统是一种（　　　）。

　　A. 系统软件　　　　B. 应用软件　　　　C. 工具软件　　　D. 调试软件

2. 下列对操作系统的说法中错误的是（　　　）。

　　A. 按运行环境将操作系统分为实时操作系统、分时操作系统和批处理操作系统

　　B. 分时操作系统具有多个终端

　　C. 实时操作系统是对外来信号及时做出反应的操作系统

　　D. 批处理操作系统指利用 CPU 的空余时间处理成批的作业

3. 系统软件中主要包括操作系统、语言处理程序和（　　　）。

　　A. 用户程序　　　　B. 实时程序　　　　C. 实用程序　　　D. 编辑程序

4. 不属于存储管理的功能是（　　　）。

　　A. 存储器分配　　　B. 地址转换　　　　C. 硬盘空间管理　D. 信息保护

5. 在下列关于文件的说法中，错误的是（　　　）。

　　A. 在文件系统的管理下，用户可以按照文件名访问文件

　　B. 文件的扩展名最多只能有 3 个字符

　　C. 在 Windows 中，具有隐藏属性的文件是不可见的

　　D. 在 Windows 中，具有只读属性的文件仍然可以删除

6. 英文 OS 指的是（　　　）。

　　A. 计算机系统　　　B. 操作系统　　　　C. 磁盘操作系统　D. 窗口软件

7. 软件由程序、（　　　）和文档 3 部分组成。

　　A. 计算机　　　　　B. 工具　　　　　　C. 语言处理程序　D. 数据

8. 操作系统是现代计算机系统不可缺少的组成部分。操作系统负责管理计算机的（　　　）。

　　A. 程序　　　　　　B. 功能　　　　　　C. 资源　　　　　D. 进程

9. 操作系统的主体是（　　　）。

　　A. 数据　　　　　　B. 程序　　　　　　C. 内存　　　　　D. CPU

10. 在下列操作系统中，属于分时系统的是（　　　　）。

    A. UNIX
        B. MS DOS

    C. Windows 7/2000/XP
        D. Novell NetWare

11. 通常所说的"裸机"指的是（　　　　）。

    A. 只装备有操作系统的计算机
    B. 未装任何软件的计算机

    C. 不带输入/输出设备的计算机
    D. 计算机主机暴露在外

12. 一个完整的计算机系统通常应包括（　　　　）。

    A. 系统软件和应用软件
    B. 计算机及其外围设备

    C. 硬件系统和软件系统
    D. 系统硬件和系统软件

13. 控制面板的作用是（　　　　）。

    A. 控制所有程序的执行
    B. 对系统进行有关的设置

    C. 设置"开始"菜单
    D. 设置硬件接口

14. Windows 7 操作系统是一个（　　　　）。

    A. 单用户多任务操作系统
    B. 单用户单任务操作系统

    C. 多用户单任务操作系统
    D. 多用户多任务操作系统

15. Windows 7 默认的启动方式是（　　　　）。

    A. 安全方式
    B. 通常方式

    C. 具有网络支持的安全方式
    D. MS-DOS 方式

16. Windows 7 桌面任务栏的快速启动工具栏中列出了（　　　　）。

    A. 运行中但处于最小化的应用程序名
  B. 所有可执行程序的快捷方式

    C. 在桌面上创建文件夹
    D. 部分应用程序的快捷方式

17. 在 Windows 7 中，窗口与对话框在外观上最大的区别在于（　　　　）。

    A. 是否可移动
    B. 是否能改变大小

    C. 是否具有"关闭"按钮
    D. 选择的项目是否很多

18. 若 Windows 7 的菜单命令后面有省略号，就表示系统在执行此菜单命令时需要通过（　　　　）询问用户，获取更多的信息。

    A. 窗口
    B. 文件
    C. 对话框
    D. 控制面板

19. 在 Windows 中，"录音机"程序的文件扩展名是（　　　　）。

    A. mid
    B. avi
    C. htm
    D. wma

20. 在 DOS 中，文件的扩展名通常表示（　　　　）。

    A. 文件的版本
    B. 文件的类型

    C. 文件的大小
    D. 完全由用户自己决定

21. 在 FAT32 文件系统中，磁盘空间的分配单位是（　　　　）。

    A. 字节
    B. 扇区
    C. 簇
    D. 磁道

22. 在下列关于设备管理的说法，正确的是（　　　　）。

    A. 所谓即插即用，就是指没有驱动程序仍然能使用设备的技术

    B. 高速缓存是一种速度比普通内存更快的特殊内存

    C. UPnP 是针对所有设备提出的技术

D．有了 UPnP 技术后，PnP 技术将逐步淘汰

23．单击窗口的"关闭"按钮后，对应的程序将（　　　）。

　　A．转入后台运行　B．被终止运行　　C．继续执行　　　D．被删除

24．下列属于音频文件扩展名的是（　　　）

　　A．wav　　　　　B．mid　　　　　C．mp3　　　　D．以上都是

25．在用下列带有通配符的文件名查找文件时，能和文件?BC*. ?a*匹配的是(　　　)。

　　A．abc.bat　　　B．bbcc.exe　　　C．bbcc.bbc　　D．cbcd.abc

26．Windows 7 系统中文件可以使用的通配符是（　　　）。

　　A．#，?　　　　B．*，?　　　　　C．!，*　　　　　D．$，*

27．在搜索或显示文件目录时，若用户选择通配符*.*，则其含义是（　　　）。

　　A．选中所有含有*号的文件　　　　B．选中所有扩展名中含*号的文件

　　C．选中所有文件　　　　　　　　　D．选中非可执行的文件

28．当光标移到视窗的边或角处时，鼠标的光标形状会变为（　　　）。

　　A．双向箭头　　　B．无变化　　　　C．游标　　　　　D．沙漏形

29．在 Windows 7 中，关于对话框叙述不正确的是（　　　）。

　　A．对话框没有"最大化"按钮　　　B．对话框没有"最小化"按钮

　　C．对话框不能改变形状大小　　　　D．对话框不能移动

30．在 Windows 7 中，关于"开始"菜单叙述不正确的是（　　　）。

　　A．单击"开始"按钮可以启动"开始"菜单

　　B．"开始"菜单包括关闭系统、帮助、程序、设置等菜单项

　　C．可在"开始"菜单增加菜单项，但不能删除菜单项

　　D．用户想做的任何事情都可以从"开始"菜单开始

31．在 Windows 7 下不能关闭当前窗口的操作是（　　　）。

　　A．单击程序窗口右上角的"关闭"按钮

　　B．选择"文件"→"关闭"命令

　　C．按【Alt+F4】组合键

　　D．按【Esc】键

32．启动 Windows 7 后，出现在屏幕上的整个区域称为（　　　）。

　　A．工作区域　　　B．桌面　　　　　C．文件管理器　　D．程序管理器

33．在 Windows 7 下，要移动已打开的窗口，可用鼠标指针指在该窗口的（　　　）将窗口拖到新位置。

　　A．标题栏　　　　B．菜单栏　　　　C．工具栏　　　　D．滚动栏

34．要想在任务栏上激活某一窗口，应（　　　）。

　　A．双击该窗口对应的任务按钮

　　B．右击任务按钮，从弹出菜单选择还原命令

　　C．单击该窗口对应的任务按钮

　　D．右击任务按钮，从弹出菜单选择最大化命令

35．当屏幕指针为沙漏加箭头，表示 Windows 7（　　　）。

A. 正在执行一项任务，不可以执行其他任务

B. 正在执行打印任务

C. 没有执行任何任务

D. 正在执行一项任务，但仍可以执行其他任务

36. 把 Windows 7 的窗口和对话框作一比较，窗口可以移动和改变大小，而对话框（　　　）。

    A. 既不能移动，也不能改变大小　　B. 仅可以移动，不能改变大小

    C. 仅可以改变大小，不能移动　　　　D. 既能移动，也能改变大小

37. 在 Windows 7 中，任务栏不能实现的作用是（　　　）。

    A. 显示系统的所有功能　　　　　　B. 显示当前活动窗口名

    C. 显示正在后台工作的窗口名　　　D. 实现窗口之间的切换

38. 由于突然断电原因造成 Windows 7 操作系统非正常关闭，那么（　　　）。

    A. 再次开机启动时，必须修改 CMOS 设定

    B. 再次开机启动时，必须使用 U 盘启动，系统才能进入正常状态

    C. 再次开机启动时，大多数情况下系统自动恢复由停电造成的损坏程序

    D. 再次开机启动时，系统只能进入 DOS 操作系统

39. Windows 7 可以同时运行（　　　）个程序。

    A. 1　　　　　　　B. 2　　　　　　　C. 10　　　　　　D. 多个

40. 当最小化一个应用程序窗口时，（　　　）。

    A. 此应用程序被关闭　　　　　　　B. 此应用程序到后台且继续运行

    C. 此应用程序到后台且停止运行　　D. 以上都不是

41. 若将一个应用程序添加到（　　　）文件夹中，以后启动 Windows 7，即会自动启动该应用程序。

    A. 控制面板　　　B. 启动　　　　　C. 文档　　　　　D. 程序

42. 以下关于打印机的说法中不正确的是（　　　）。

    A. 如果打印机图标旁有了复选标记，则已将该打印机设置为默认打印机

    B. 可以设置多台打印机为默认打印机

    C. 在打印机管理器中可以安装多台打印机

    D. 在打印时可以更改打印队列中尚未打印文档的顺序

43. 在 Windows 7 中，在下面关于即插即用设备的说法中，正确的是（　　　）。

    A. Windows 7 保证自动正确地配置即插即用设备，永远不需要用户干预

    B. 即插即用设备只能由操作系统自动配置，用户不能手工配置

    C. 非即插即用设备只能由用户手工配置

    D. 非即插即用设备与即插即用设备不能用在同一台计算机上

44. 计算机操作系统的功能是（　　　）。

    A. 把源程序代码转换成目标代码　　B. 完成计算机硬件与软件之间的转换

    C. 实现计算机与用户之间的交流　　D. 控制、管理计算机资源和程序的执行

45. Windows 7 中，不能打开资源管理器窗口的操作是（　　　）。

A. 选择"开始"→"所有程序"→"附件"→"Windows 资源管理器"命令

B. 单击"任务栏"空白处

C. 选择"开始"→"所有程序"→"打开 Windows 资源管理器"命令

D. 按【Windows 徽标+E】组合键

46. 资源管理器窗口的右边小窗口称为（　　　）。

    A. 文件窗口　　　　B. 内容窗口　　　　C. 详细窗口　　　　D. 资源窗口

47. 在 Windows 7 中，要删除已安装并且注册了的程序，其操作是（　　　）。

A. 在资源管理器中找到对应的程序文件直接删除

B. 在 MS DOS 方式下用 del 命令删除指定的应用程序

C. 删除"开始"→"所有程序"命令中对应的项

D. 通过控制面板中的"程序和功能"

48. 在不同的运行着的应用程序之间切换，可以利用快捷键（　　　）。

    A.【Alt+Esc】　　B.【Ctrl+Esc】　　C.【Alt+Tab】　　D.【Ctrl+Tab】

49. 在 Windows 7 中，各应用程序之间的信息交换是通过（　　　）进行的。

    A. 记事本　　　　B. 剪贴板　　　　C. 画图　　　　D. 写字板

50. 打开"所有程序"命令的下拉菜单，可以用（　　　）键和菜单旁带下画线的字母组合。

    A.【Alt】　　　　B.【Ctrl】　　　　C.【Shift】　　　　D.【Ctrl+Shift】

51. 在 Windows 7 中，有两个对系统资源进行管理的程序，它们是资源管理器和（　　　）。

    A. 回收站　　　　B. 剪贴板　　　　C. 计算机　　　　D. 用户文档

52. 在桌面上创建一个文件夹，有步骤：①在桌面空白处右击；②输入新名字；③选择"新建文件夹"命令；④按【Enter】键，正确操作步骤为（　　　）。

    A. ①，②，③　　　　　　　　　　B. ②，③，④

    C. ①，②，③，④　　　　　　　　D. ①，③，②，④

53. 关闭资源管理器可以（　　　）

A. 单击资源管理器窗口左上角的图标

B. 单击资源管理器窗口右上角的"关闭"按钮

C. 单击资源管理器的"文件"菜单，然后选择"关闭"命令

D. 用以上 3 种方法均可

54. 在 Windows 7 资源管理器中，选定文件后，打开文件属性对话框的操作是（　　　）。

    A. 选择"文件"→"属性"命令　　B. 选择"编辑"→"属性"命令

    C. 选择"查看"→"属性"命令　　D. 选择"工具"→"属性"命令

55. 在搜索文件或文件夹时，若用户输入"*.*"，则将搜索（　　　）。

    A. 所有含有*的文件　　　　　　B. 所有扩展名中含有*的文件

    C. 所有文件　　　　　　　　　　D. 以上全不对

56. Windows 7 操作系统中规定文件名中不能含有的符号是（　　　）。

    A. \ / : * ? # < > $　　　　　B. \ / * ? " < > $

C. \ / * ? " < >|@   D. \ / : * ? " < >|

57. 以下（   ）文件被称为文本文件或 ASCII 文件。

A. 以 EXE 为扩展名的文件   B. 以 TXT 为扩展名的文件

C. 以 COM 为扩展名的文件   D. 以 DOC 为扩展名的文件

58. 关于 Windows 7 直接删除文件而不进入回收站的操作中，正确的是（   ）。

A. 选定文件后，按【Shift+Del】组合键

B. 选定文件后，按【Ctrl+Del】组合键

C. 选定文件后，按【Del】键

D. 选定文件后，按【Shift】键，再按【Del】键

59. 在资源管理器中，如果发生误操作将硬盘上的某文件删除，可以（   ）。

A. 在回收站中对此文件执行"还原"命令

B. 从回收站中将此文件拖回原位置

C. 在资源管理器中执行"撤销"命令

D. 用以上 3 种方法均可

60. Windows 7 系列产品版本最高的是（   ）。

A. 旗舰版   B. 企业版   C. 专业版   D. 高级家庭版

61. 为了在资源管理器快速查找 .exe 文件，最快速且准确定位的显示方式是（   ）。

A. 按名称   B. 按类型   C. 按大小   D. 按日期

62. 双击窗口的标题图标将（   ）。

A. 弹出应用程序 B. 最大化窗口   C. 最小化窗口   D. 关闭应用程序

63. 在 Windows 7 的资源管理器窗口中，如果想一次选定多个分散的文件或文件夹，正确的操作是（   ）。

A. 按住【Ctrl】键，用鼠标右键逐个选取

B. 按住【Ctrl】键，用鼠标左键逐个选取

C. 按住【Shift】键，用鼠标右键逐个选取

D. 按住【Shift】键，用鼠标左键逐个选取

64. 资源管理器窗口有两个小窗口，左边小窗口称为（   ）。

A. 导航窗口   B. 资源窗口   C. 文件窗口   D. 计算机窗口

65. 下列关于 Windows 7 文件名的说法中，不正确的是（   ）。

A. 文件名可以用汉字   B. 文件名中可以有空格

C. 文件名可达 255 个字符   D. 文件名最长可达 512 个字符

66. 在 Windows 7 的"计算机"窗口中，若已选定了文件或文件夹，为了设置其属性，可以打开属性对话框的操作是（   ）。

A. 右击"文件"菜单中的"属性"命令

B. 右击该文件或文件夹名，从弹出快捷菜单中选择"属性"命令

C. 右击"任务栏"空白处，从弹出快捷菜单中选择"属性"命令

D. 右击"查看"菜单中"工具栏"下的"属性"图标

67. 在 Windows 7 中，所谓的文档文件，（   ）。

A. 只包括文本文件

B. 只包括 Word 2010 文档

C. 包括文本文件和图形文件

D. 包括文本文件、图形文件、声音文件、MPEG 文件等

68. 文件夹中不可存放（   ）。

    A. 文件　　　　B. 多个文件　　　　C. 文件夹　　　　D. 字符

69. 在资源管理器中要同时选定不相邻的多个文件，使用（   ）键。

    A.【Shift】　　　B.【Ctrl】　　　C.【Alt】　　　D.【F8】

70. 若将一个应用程序添加到（   ）文件夹中，以后启动 Windows 7，即会自动启动。

    A. 控制面板　　　B. 启动　　　C. 文档　　　D. 程序

71. 下面是关于 Windows 7 文件名的叙述，错误的是（   ）。

    A. 文件名中允许使用汉字　　　　　　B. 文件名中允许使用多个圆点分隔符

    C. 文件名中允许使用空格　　　　　　D. 文件名中允许使用竖线（"|"）

72. 在 Windows 7 中，常使用剪贴板来复制或移动文件及文件夹，进行"剪切"操作的快捷键是（   ）。

    A.【Ctrl +Y】　　B.【Ctrl +X】　　C.【Ctrl +C】　　D.【Ctrl +V】

73. 在 Windows 7 中，打开上次最后一个使用的文档的最直接途径是（   ）。

    A. 单击"开始"按钮，然后选择"文档"命令

    B. 单击"开始"按钮，然后选择"查找"命令

    C. 单击"开始"按钮，然后选择"收藏"命令

    D. 单击"开始"按钮，然后选择"所有程序"命令

74. 下列（   ）操作系统不是微软公司开发的操作系统。

    A. Windows Server 2003　　　　　　B. Windows 7

    C. Linux　　　　　　　　　　　　　D. Windows 10

75. 在 Windows 7 中，常使用剪贴板来复制或移动文件及文件夹，进行"复制"操作的快捷键是（   ）。

    A.【Ctrl +Y】　　B.【Ctrl +X】　　C.【Ctrl +C】　　D.【Ctrl +V】

76. 在 Windows 7 中为了防止他人修改某一文件，应设置该文件属性为（   ）。

    A. 只读　　　　B. 隐藏　　　　C. 存档　　　　D. 系统

77. 在下列软件中，属于计算机操作系统的是（   ）。

    A. Word 2010　　B. Windows 7　　C. Excel 2010　　D. PowerPoint 2010

78. 在你的公司里一个用户在她使用的 Windows 7 的桌面计算机上忘记了用户密码，而且不具有重置密码磁盘。而你有一个在她机器上的管理员组的用户，要解决此用户身份验证问题，你将采取以下（   ）步骤。

    A. 解锁她的账户　　　　　　　　　　B. 重设她的密码

    C. 创建她的账户的密码重设磁盘　　　D. 创建你的账户的密码重设磁盘

79. 在 Windows 7 的回收站中，可以恢复（   ）。

    A. 从硬盘中删除的文件或文件夹   B. 从 U 盘中删除的文件或文件夹

    C. 剪切掉的文档   D. 从光盘中删除的文件或文件夹

80. 在 Windows 7 中，各应用程序之间的信息交换是通过（　　　　）进行的。

    A. 记事本   B. 剪贴板   C. 画图   D. 写字板

81. 要选定多个连续文件或文件夹的操作为：先单击第一项，然后（　　　　）再单击最后一项。

    A. 按住【Alt】键   B. 按住【Ctrl】键

    C. 按住【Shift】键   D. 按住【Del】键

82. 当一个文档窗口被关闭且保存后，该文档将（　　　　）

    A. 保存在外存中   B. 保存在内存中

    C. 保存在剪贴板中   D. 既保存在外存也保存在内存中

83. 在 Windows 7 中，当程序因某种原因陷入死循环，下列（　　　　）方法能较好地结束该程序。

    A. 按【Ctrl+Alt+Del】组合键，然后选择"结束任务"命令结束该程序的运行

    B. 按【Ctrl+Del】组合键，然后选择"结束任务"命令结束该程序的运行

    C. 按【Alt+Del】组合键，然后选择"结束任务"命令结束该程序的运行

    D. 直接重启计算机结束该程序的运行

84. 从文件列表中同时选择多个不相邻文件的正确操作是（　　　　）。

    A. 按住【Alt】键，单击每一个文件名

    B. 按住【Ctrl】操作键，单击每一个文件名

    C. 按住【Ctrl+Shift】操作键，单击每一个文件名

    D. 按住【Shift】操作键，单击每一个文件名

85. 在 Windows 7 中，指定用"记事本"打开一个名为 test.txt 的文档文件后，双击桌面上的 test.txt 文件，Windows 启动（　　　　）。

    A. 写字板   B. 记事本   C. Word 2010   D. Excel 2010

86. 格式化磁盘，即（　　　　）

    A. 删除磁盘上原信息，在盘上建立一种系统能识别的格式

    B. 可删除原有信息，也可不删除

    C. 保留磁盘上原有信息，对剩余空间格式化

    D. 删除原有部分信息，保留原有部分信息

87. 下列关于 Windows 7 磁盘扫描程序的叙述中，（　　　　）是对的。

    A. 磁盘扫描程序可以用来检测和修复磁盘

    B. 磁盘扫描程序只可以用来检测磁盘，不能修复磁盘

    C. 磁盘扫描程序不能检测压缩过的磁盘

    D. 磁盘扫描程序可以检测和修复硬盘、U 盘和可读写光盘

88. 在 Windows 7 中，录音机程序的文件扩展名是（　　　　）。

    A. mid   B. wav   C. avi   D. htm

89. （　　　　）属于一种系统软件，缺少它，计算机就无法工作。

A. 汉字系统   B. 操作系统   C. 编译程序   D. 文字处理系统

90. "开始"菜单中的"运行"菜单项除了启动应用程序外，还有（   ）。

    A. 只能用于打开文件夹   B. 只能应用于打开文档

    C. 可以用于打开文件夹或文档   D. 不能用于打开文件夹和文档

91. 下列有关 Windows 7 菜单命令的说法，不正确的有（   ）。

    A. 带省略号…，执行命令后会打开一个对话框，要求用户输入信息

    B. 前有符号√，表示该命令有效

    C. 带符号◆，当鼠标指向时，会弹出一个子菜单

    D. 带省略号…，当鼠标指向时，会弹出一个子菜单

92. 以下有关 Windows 7 删除操作的说法，不正确的是（   ）。

    A. 网络上的文件被删除后不能被恢复

    B. 软盘上的文件被删除后不能被恢复

    C. 超过回收站存储容量的文件不能被恢复

    D. 直接用鼠标将项目拖到回收站的项目不能被恢复

93. 以下关于 Windows 7 快捷方式的说法正确的是（   ）。

    A. 一个快捷方式可指向多个目标对象

    B. 一个对象可有多个快捷方式

    C. 只有文件和文件夹对象可建立快捷方式

    D. 不允许为快捷方式建立快捷方式

94. 以下关于 Windows 7 快捷方式的说法正确的是（   ）。

    A. 快捷方式是一种文件，每个快捷方式都有自己独立的文件名

    B. 只有指向文件和文件夹的快捷方式才有自己的文件名

    C. 建立在桌面上的快捷方式，其对应的文件位于 C 盘根目录上

    D. 建立在桌面上的快捷方式，其对应的文件位于 C:\WINDOWS 内

95. 在 Windows 7 中，以下操作中能关闭应用程序的是（   ）。

    A. 单击该应用程序图标   B. 双击该应用程序图标

    C. 双击控制菜单按钮   D. 单击"最小化"按钮

96. 在 Windows 7 中，运行任何应用程序，都可（   ）。

    A. 双击相应图标   B. 打开相应图标

    C. 选择相应程序图标   D. 单击相应图标

97. 在 Windows 7 中，按住【Ctrl】键和鼠标左键拖动某一对象，结果（   ）。

    A. 移动该对象   B. 无任何结果   C. 复制该对象   D. 删除该对象

98. 在 Windows 7 中删除某程序的快捷键方式图标，表示（   ）。

    A. 只删除了图标，而没有删除该程序

    B. 既删除了图标，又删除该程序

    C. 隐藏了图标，删除了与该程序的联系

    D. 将图标存在剪贴板，同时删除了与该程序的联系

99. 如用户在一段时间（   ），Windows 7 将启动执行屏幕保护程序。

  A．没有按键盘   B．没有移动鼠标

  C．既没有按键盘，也没有移动鼠标 D．没有使用打印机

100．在 Windows 7 中，按下鼠标左键在不同驱动器不同文件夹内拖动某一对象，结果是（ ）。

  A．移动该对象 B．复制该对象 C．无任何结果 D．删除该对象

101．在 Windows 7 中，按下鼠标右键在同一驱动器的不同文件夹内拖动某一对象，不可能发生的结果（ ）。

  A．移动该对象   B．复制该对象

  C．删除该对象   D．在目标文件夹创建快捷方式

102．在"开始"菜单中"运行"菜单项启动 C 盘根目录下的 TTT.EXE 应用程序的命令为（ ）。

  A．TTT   B．C:\TTT   C．C:\TTT.EXE D．TTT.EXE

103．当选定文件或文件夹后，在默认状态下，不将文件或文件夹放到"回收站"中，而直接删除的操作是（ ）。

  A．按【Delete】（Del）键

  B．直接将文件或文件夹拖放到"回收站"中

  C．按【Shift +Delete】组合键

  D．用"计算机"或资源管理器窗口中"文件"菜单的"删除"命令

104．在 Windows 7 中，一个文件的属性包括（ ）。

  A．只读、存档   B．只读、隐藏

  C．只读、隐藏、系统   D．只读、隐藏、存档、系统

105．在 Windows 7 中，利用键盘，按（ ）组合键可以实行中西文输入方式的切换。

  A．【Alt+空格】   B．【Ctrl+空格】

  C．【Alt+Esc】   D．【Shift+空格】

106．在 Windows 7 的桌面上（ ）。

  A．不能创建文件夹   B．不能创建 BMP 图像文件

  C．不能创建 Word 2010 文档 D．可以创建 Word 2010 文档

107．Windows 7 在同一驱动器下，不同目录之间复制文件的鼠标操作是（ ）。

  A．拖动   B．Ctrl+拖动 C．Shift+拖动 D．Alt+拖动

108．在 Windows 7 中，若已选定某文件，不能将该文件复制到同一文件夹下的操作是（ ）。

  A．用鼠标右键将该文件拖动到同一文件夹下

  B．先执行"编辑"菜单中的"复制"命令，再执行"粘贴"命令

  C．用鼠标左键将该文件拖到同一文件夹下

  D．按住【Ctrl】键，再用鼠标右键将该文件拖到同一文件夹下

109．在资源管理器中，选定多个相邻文件或文件夹有步骤：①选中第一文件或文件夹；②按住【Shift】键；③按住【Ctrl】键；④选中最后一个文件或文件夹，正确操作步骤为（ ）。

A. ①，④　　　B. ①，②，④　　C. ①，③，④　　D. ④，①

110. 在 Windows 7 环境下（　　　）。

 A. 不能再进入 DOS 方式工作

 B. 能再进入 DOS 方式工作，并能返回 Windows 7 方式

 C. 能再进入 DOS 方式工作，但不能再返回 Windows 7 方式

 D. 能再进入 DOS 方式工作，但必须先退出 Windows 7 方式

111. 下面关于 Windows 7 中文输入法的说法中，不正确的是（　　　）。

 A. 启动或关闭已安装的中文输入法的命令是【Ctrl +Space】组合键

 B. 在英文及各种中文输入法之间切换的命令是【Ctrl +Shift】或【Alt +Shift】组合键

 C. 直接在"任务栏"上的"语言指示器"中可以删除输入法

 D. 在 Windows 7 中，可以使用 Windows 7 自带的输入法

112. 在中文 Windows 7 中，为了实现全角和半角之间的切换，应按的键是（　　　）。

 A.【Shift+Space】　B.【Ctrl+Space】　C.【Shift+Ctrl】　D.【Ctrl+F9】

113. 在默认状态下，下列（　　　）操作可以实现中文输入法之间的切换。

 A. 按【Esc+ Space】组合键　　　　B. 按【Ctrl+Shift】组合键

 C. 按【Alt+Shift】组合键　　　　　D. 按【Shift+Space】组合键

114. 在 Windows 7 中，完成某项操作的共同点是（　　　）。

 A. 将操作项拖到对象处　　　　B. 先选择操作项，后选择对象

 C. 同时选择操作项及对象　　　D. 先选择对象，后选择操作项

115. 控制面板中的字体用于（　　　）。

 A. 预览、删除、显示或隐藏计算机上的安装字体

 B. 选择 Windows 7 菜单字体

 C. 选择 Windows 7 窗口字体

 D. 自己编制字体

116. 在 Windows 7 中，要将当前屏幕上的全屏幕画面截取下来，放置在系统剪贴板，应该使用（　　　）键。

 A.【Print Screen】　　　　　　B.【Alt+Print Screen】

 C.【Ctrl+Print Screen】　　　　D.【Ctrl+P】

117. 在 Windows 7 中，要将当前屏幕上的活动窗口画面截取下来放置到剪贴板，应该使用（　　　）键。

 A.【Print Screen】　　　　　　B.【Alt+Print Screen】

 C.【Ctrl+Print Screen】　　　　D.【Ctrl+P】

118. 从 Windows 7 的"MS-DOS方式"进入 DOS 环境后，如要返回 Windows 7，应输入（　　　）命令。

 A. win　　　　B. exit　　　　C. quit　　　　D. return

119. 关于回收站的叙述，正确的是（　　　）。

 A. 暂存所有被删除的对象

B. 回收站的内容不可恢复

C. 清空回收站后，仍可用命令方式恢复

D. 回收站的内容不占用硬盘空间

120. Windows 7 中的"剪贴板"是（　　）。

A. 硬盘中一块区域　　　　　　B. U 盘中的一块区域

C. 高速缓存中的一块区域　　　D. 内存中的一块区域

121. 在 Windows 7 常使用剪贴板来复制或移动文件及文件夹，进行"粘贴"操作的快捷键是（　　）。

A. 【Ctrl +Y】　B. 【Ctrl +X】　　C. 【Ctrl +C】　　D. 【Ctrl +V】

122. 在 Windows 7 中，（　　）都可以作为屏幕的背景

A. 图案和墙纸　B. 底纹和墙纸　C. 阴影和墙纸　D. 图案和底纹

123. 在 Windows 7 中，"画图"程序默认的文件类型是（　　）。

A. pcx　　　　　B. doc　　　　C. ppt　　　　D. bmp

124. Windows 7 中，"回收站"是（　　）。

A. 内存中的部分空间　　　　　B. 硬盘中的部分空间

C. U 盘中的部分空间　　　　　D. 高速缓存中的部分空间

125. 我们平时所说的"数据备份"中的数据包括（　　）。

A. 内存中的各种数据

B. 各种程序文件和数据文件

C. 存放在 CD-ROM 上的数据

D. 内存中的各种数据、程序文件和数据文件

126. 选定要删除的文件，然后按（　　）键即可删除文件。

A. 【Alt】　　　B. 【Ctrl】　　　C. 【Shift】　　　D. 【Del】

127. 关闭一个活动应用程序窗口，可按快捷键（　　）。

A. 【Alt+F4】　B. 【Ctrl+F4】　C. 【Alt+Esc】　D. 【Ctrl+Esc】

128. Windows 7 中将信息传送到剪贴板，不正确的方法是（　　）。

A. 用"复制"命令把选定的对象送到剪贴板

B. 用"剪切"命令把选定的对象送到剪贴板

C. 用【Ctrl+V】组合键把选定的对象送到剪贴板

D. 按【Alt+Print Screen】组合键把当前窗口送到剪贴板

129. 在 Windows 7 窗口菜单命令项中，若选项呈浅淡色，这意味着（　　）。

A. 该命令项当前暂不可使用

B. 命令选项出了差错

C. 该命令项可以使用，变浅淡色是由于显示故障所致

D. 该命令项实际上并不存在，以后也无法使用

130. 当鼠标光标变为（　　）时，可在此光标位置输入文字或插入图形。

A. 向左上的 45° 空心箭头　　　B. 向右上的 45° 空心箭头

C. I 形　　　　　　　　　　　　D. 沙漏形

2.2 填 空 题

1. 计算机软件一般可分为_____软件和_____软件两大类。

2. 操作系统具有_____、存储管理、设备管理、信息管理等功能。

3. 操作系统属于_____软件。

4. 在 Windows 7 中，有两个对系统资源进行管理的程序，它们是资源管理器和_____。

5. 系统软件通常包括操作系统、语言处理程序和_____。

6. 在 Windows 7 中，分配 CPU 时间的基本单位是_____。

7. 对信号的输入、计算和输出都能在一定的时间范围内完成的操作系统被称为_____。

8. 进程的 4 个基本特征是：动态性、_____、独立性和异步性。

9. Windows 7 在同一驱动器下，不同目录之间复制文件的鼠标操作是按住_____键的同时拖曳。

10. 启动 Windows 7 后，出现在屏幕上的整个区域称为_____。在 Windows 7 下，要移动已打开的窗口，可用鼠标指针指在该窗口的_____将窗口拖到新位置。

11. 在 Windows 7 中，鼠标单击某个窗口的标题栏左端（即窗口的左上角）的图标，打开的是_____。

12. 当用户按下_____键，系统弹出 Windows 资源管理器窗口。

13. 剪贴板文件的扩展名为_____。

14. 在 Windows 7 中删除硬盘上的文件或文件夹时，如果用户不希望将它移至回收站而直接彻底删除，则可在选中后按_____键和【Del】键。

15. Windows 7 支持的文件系统有 FAT、FAT32 和_____。

16. 选定多个连续的文件或文件夹，操作步骤为：单击所要选定的第一个文件或文件夹，然后按住_____键，单击最后一个文件或文件夹。

17. 在 Windows 7 中，如果要选中不连续的几个文件或文件夹，在按住_____键的同时，单击要选中的对象。

18. 文件名中引入"?"，表示所在位置上是_____；引入"*"时，则表示所在位置上是_____。

19. 用 Windows 7 自带的画图程序建立的文件，其默认扩展名是_____。

20. 要查找所有第一个字母为 B 且扩展名为 wav 的文件，应输入_____。

21. 类型是"文本文件"，它的扩展名是 txt；声音文件的扩展名是 wav；可执行程序的扩展名是_____或者_____。

22. 在 Windows 7 中为了防止他人修改某一文件，应设置该文件属性为_____。

23. 在 Windows 7 中，利用键盘，按_____可以实行中西文输入方式的切换。

24. 在 Windows 7 中，一个硬盘可以分为磁盘主分区和_____。

25. 在 Windows 7 中，如果要把 C 盘某个文件夹中的一些文件复制到 C 盘另外的一个文件夹中，若采用鼠标操作，在选定文件后，按住_____和鼠标左键拖动至目标文件夹。

26. 在 Windows 7 中，要将当前屏幕上的全屏幕画面截取下来，放置在系统剪贴板，应该使用_____键。

27. 要选定多个连续文件或文件夹的操作为：先单击第一项，然后按住_____再单击最后一项。

28. 在 Windows 7 中，启动汉字输入法时，在出现的输入法列表框中选定一种汉字输入法，屏幕上就会出现一个与该输入法相应的_____。

29. 比如说硬盘占用了 C:、D:，光驱就是_____，如果硬盘只占用 C:，那么光驱就是_____。光驱的盘符是由计算机自动分配的。

30. 在 Windows 7 中，各应用程序之间的信息交换是通过_____进行的。

第 3 章

常用办公软件的
应用测试题 <<<

3.1 选 择 题

1. 软件大体上可分为系统软件和（　　　）软件。

    A. 高级　　　　　　B. 计算机　　　　　C. 应用　　　　　D. 通用

2. 下面（　　　）不是应用软件。

    A. Word 2010　　　B. AutoCAD　　　C. Photoshop　　D. Windows 7

3. 下列文件格式中（　　　）是无格式的文本文件的扩展名。

    A. .dot　　　　　　B. .doc　　　　　　C. .rtf　　　　　　D. .txt

4. 关于选定文本内容的操作，如下叙述（　　　）不正确。

    A. 在文本选定区单击可选定一行

    B. 可以通过鼠标拖动或键盘组合操作选定任何一块文本

    C. 不可以选定两块不连续的内容

    D. 选择"编辑"→"全选"命令可以选定全部内容

5. Word 2010 "文件"菜单底端列出的几个文件名是（　　　）。

    A. 用于文件的切换　　　　　　　B. 最近被 Word 2010 处理的文件名

    C. 表示这些文件已打开　　　　　D. 表示正在打印的文件名

6. 下列（　　　）项目不属于 Word 2010 文本的功能。

    A. 中文简体与繁体的互转　　　　B. 文字任意角度旋转

    C. 文字加圈　　　　　　　　　　D. 汉字加拼音

7. 在 Word 2010 中，按住【Shift】键，再按一下（　　　）键，将选定从光标所在处到本行行首的所有字符。

    A. 【Ctrl】　　　　B. 【←】　　　　　C. 【Tab】　　　　D. 【Home】

8. 在 Word 2010 的编辑状态下打开了一个文档，对文档作了修改，进行"关闭"文档操作后，（　　　）。

    A. 文档被关闭，并自动保存修改后的内容

    B. 文档不能关闭，并提示出错

    C. 文档被关闭，修改后的内容不能保存

D. 弹出对话框，并询问是否保存对文档的修改

9. 在 Word 2010 中，最多可以同时打开（　　）个文档。

  A. 10   B. 5

  C. 9   D. 任意多个，但受内存容量的限制

10. 在 Word 2010 中插入图片不可插入（　　）。

  A. 公式   B. 剪贴画   C. 艺术字   D. 自选图形

11. 关于编辑页眉、页脚，下列叙述中（　　）不正确。

  A. 文档内容和页眉、页脚可在同一窗口编辑

  B. 文档内容和页眉、页脚一起打印

  C. 编辑、页眉页脚时不能编辑文档内容

  D. 页眉、页脚中也可以进行格式设置和插入剪贴画

12. 如果要查询当前文档中包含的字符数，应（　　）。

  A. 选择"开始"选项卡   B. 选择"插入"选项卡

  C. 选择"审阅"选项卡   D. 无法实现

13. 在 Word 2010 中，执行粘贴操作，系统会（　　）。

  A. 不会粘贴格式

  B. 弹出粘贴选项对话框，显示剪贴板上复制（包括剪切）的次数

  C. 弹出粘贴选项对话框，显示粘贴的方式

  D. 以上情况均不会出现

14. 插入硬分页符的方法是（　　）。

  A. 选择"插入"选项卡，在"文本"选项组中单击"分页"按钮

  B. 选择"插入"选项卡，在"页"选项组中单击"分页"按钮

  C. 选择"文件"→"分隔符"命令

  D. 选择"插入"选项卡，在"页"选项组中单击"空白页"按钮

15. 在 Word 2010 中要查看文档中设置的页眉或页脚，以下正确的是（　　）。

  A. 能在 Web 版式视图或大纲视图中查看

  B. 只能在大纲视图或页面视图中查看

  C. 能在页面视图或打印预览中查看

  D. 以上说法都不对

16. 在 Word 2010 中，可以通过"打开"或"另存为"对话框对选定的文件进行管理，但不能对选择的文件进行（　　）操作。

  A. 复制   B. 重命名   C. 删除   D. 以上都正确

17. 在 Word 2010 中，对标尺、缩进等格式设置除了使用以厘米为度量单位外，还增加了以字符为度量单位，这通过（　　）方法进行度量单位的设置。

  A. 选择"文件"→"选项"命令，在"选项"对话框的"高级"选项卡中设置

  B. 选择"开始"选项卡，在"段落"选项组中设置

  C. 选择"开始"选项卡，在"字体"选项组中设置

  D. 选择"文件"→"选项"命令，在"选项"对话框的"常规"选项卡中设置

18. 在 Word 2010 的编辑状态，执行两次"剪切"操作，在剪贴板中（　　　　）。

    A. 保存有第一次被剪切的内容　　　　B. 保存有第二次被剪切的内容

    C. 保存有两次被剪切的内容　　　　　D. 无内容

19. 在文本编辑状态，右击执行"复制"命令后，（　　　　）。

    A. 被选定的内容复制到插入点处　　　　B. 将剪贴板的内容复制到插入点处

    C. 被选定的内容复制到剪贴板　　　　　D. 被选定内容的格式复制到剪贴板

20. 以下关于"拆分表格"命令的叙述正确的是（　　　　）。

    A. 可以把表格按表格具有的列数，逐一拆分成几列

    B. 可以把表格按操作者所需，拆分成两个以上的表格

    C. 只能把表格按插入点为界，拆分为左右两个表

    D. 只能把表格按插入点为界，拆分为上下两个表

21. 以下对表格操作的叙述错误的是（　　　　）。

    A. 在表格的单元格中，除了可以输入文字、数字，还可以插入图片

    B. 表格的每一行中各单元格的宽度可以不同

    C. 表格的每一行中各单元格的高度可以不同

    D. 表格的表头单元格可以绘制斜线

22. 在 Word 2010 中，有关表格的操作，以下说法（　　　　）是不正确的。

    A. 文本能转换成表格　　　　　　B. 表格能转换成文本

    C. 文本与表格可以相互转换　　　D. 文本与表格不能相互转换

23. 在 Word 2010 中，通过"表格工具/布局"选项卡，在"数据"选项组中单击"*fx*"按钮，选择所需的函数对表格单元格的内容进行统计。以下叙述正确的是（　　　　）。

    A. 当被统计的数据改变时，统计的结果不会自动更新

    B. 当被统计的数据改变时，统计的结果会自动更新

    C. 当被统计的数据改变时，统计的结果根据操作者决定是否更新

    D. 以上叙述均不正确

24. 在 Word 2010 中，不能设置的文字格式为（　　　　）。

    A. 立体字　　　　B. 加下画线　　　　C. 字符缩放　　　　D. 文字倾斜与加粗

25. Word 2010 的查找和替换功能很强，不属于其中之一的是（　　　　）。

    A. 能够查找和替换带格式或样式的文本

    B. 能够查找图形对象

    C. 能够用通配字符进行快速、复杂的查找和替换

    D. 能够查找和替换文本中的格式

26. 在 Word 2010 默认情况下，输入了错误的英文单词时，会（　　　　）。

    A. 系统铃响，提示出错　　　　　　B. 在单词下有绿色下画波浪线

    C. 在单词下有红色下画波浪线　　　D. 自动更正

27. 在 Word 2010 窗口中，当鼠标指针位于（　　　　）时，指针变成指向右上方的箭头形状。

    A. 文本编辑区　　　　　　　　　　B. 文本区左边的选定区

C. 文本区上面的标尺区   D. 文本区中插入的图片或图文框中

28. 关于 Word 2010 快速访问工具栏的"新建"按钮与"文件"→"新建"命令，下列叙述不正确的是（   ）。

    A. 它们都可以建立新文档

    B. 它们的作用完全相同

    C. 按钮操作没有"模板"对话框

    D. "文件"→"新建"命令有"模板"对话框

29. 当对某段设置的行距为 12 磅的"固定值"，这时在该段落中插入一幅高度大于行距的图片，结果为（   ）。

    A. 系统显示出错信息，图片不能插入

    B. 图片能插入，系统自动调整行距，以适应图片高度的需要

    C. 图片能插入，图片自动浮于文字上方

    D. 图片能插入，但无法全部显示插入的图片

30. 在页眉或页码插入的日期域代码在文档打印时（   ）。

    A. 随实际系统日期改变   B. 固定不变

    C. 变或不变根据用户设置   D. 无法预见

31. 要将整个文档中所有英文句子改为首字母大写，非首字母小写，下面（   ）操作是正确的。

    A. 选择"开始"选项卡，在"段落"选项组中单击"自动更正"按钮进行相应设置

    B. 选择"插入"选项卡，在"文本"选项组中单击"自动更正"按钮进行相应设置

    C. 没有办法实现

    D. 选择"文件"→"选项"命令，在其对话框进行相应设置

32. 要对一个文档中多个不连续的段落设置相同的格式，最高效的操作方法是（   ）。

    A. 插入点定位在样式段落处，单击"格式刷"按钮，再将鼠标指针拖过其他多个需设置格式的段落

    B. 选用同一个"样式"来格式化这些段落

    C. 选用同一个"模板"来格式化这些段落

    D. 利用"替换"命令来格式化这些段落

33. 当选定文档中的非最后一段，进行有效分栏操作后，必须在（   ）视图才能看到分栏的效果。

    A. 普通   B. 页面   C. 大纲   D. Web 版式

34. 当对某段进行"首字下沉"操作后，再选中该段进行分栏操作，这时"分栏"命令无效，原因是（   ）。

    A. 首字下沉、分栏操作不能同时进行，也就是进行了设置首字下沉，就不能分栏

B. 分栏只能对文字操作，不能作用于图形，而首字下沉后的字具有图形的效果，只要不选中下沉的字，就可进行分栏

C. 计算机有病毒，先清除病毒，再分栏

D. Word 2010 软件有问题，重新安装 Word 2010，再分栏

35. 要显示文档的段落标记符，如回车符、制表符等，通过（　　　）来实现。

A. 选择"开始"选项卡，在"段落"选项组中单击"显示/隐藏"编辑标记按钮

B. 选择"开始"选项卡，在"字体"选项组中单击"显示/隐藏"编辑标记按钮

C. 选择"文件"→"选项"命令，在其对话框进行相应设置

D. 以上都不可以

36. 在编辑 Word 2010 文档时，为便于排版，输入文字时应（　　　）。

A. 每行结束按【Enter】键　　　　B. 整篇文档结束按【Enter】键

C. 每段结束按【Enter】键　　　　D. 每句结束按【Enter】键

37. 下列关于 Word 2010 格式刷的描述中，叙述正确的是（　　　）。

A. 格式刷只能复制一次

B. 只要选择了格式刷，就能将格式复制无数次

C. 双击格式刷，就能复制一次格式

D. 格式刷既可以复制一次格式，也可以复制多次格式

38. 在 Word 2010 的编辑状态下，执行"全选"命令后，（　　　）。

A. 整个文档被选择　　　　　　　B. 插入点所在的段落被选择

C. 插入点所在的行被选择　　　　D. 插入点至文档的首部被选择

39. 关于 Word 2010 文档分栏设置，下列叙述正确的是（　　　）。

A. 最多可以设 4 栏　　　　　　　B. 各栏的宽度必须相同

C. 各栏的宽度可以不同　　　　　D. 各栏之间的间距是固定的

40. Word 2010 的文本框是系统提供给用户进行排版的工具，下列叙述不正确的是（　　　）。

A. 文本框内也可以插入图片

B. 文本框可以随意在页面中移动和修改

C. 不能在文本框内绘制图形

D. 对文本框内文字的编辑方法与其他文字一致

41. 在打印 Word 2010 文档时，在"打印"对话框中不可设置的内容是（　　　）。

A. 页码位置　　B. 打印机属性　　C. 打印份数　　D. 打印页面的范围

42. 调整图片大小可以用鼠标拖动图片四周任一控制点，但只要拖动（　　　）控制点，才能使图片等比例缩放。

A. 左或右　　　　B. 上或下　　　　C. 四个角之一　　D. 均不可以

43. 打印机打印文档的结果是乱码，原因是（　　　）。

A. 没有选择好打印机　　　　　　B. 没有经过打印预览查看

C. 字库没有安装好　　　　　　　D. 打印机坏了

44. 关于 Word 2010 快速访问工具栏的快速打印按钮与"文件"→"打印"命令，

下列叙述不正确的是（　　　　）。

    A．它们都可以打印文档

    B．它们的作用有所不同

    C．前者只能打印一份，后者可以打印多份

    D．它们都能打印多份

45．Excel 2010 是一种（　　　　）软件。

    A．文字处理　　　　B．数据库　　　　C．演示文稿制作　D．电子表格处理

46．Excel 2010 工作表"编辑"栏包括（　　　　）。

    A．名称框　　　　　B．编辑框　　　　　C．状态栏　　　　　D．名称框和编辑框

47．Excel 2010 是 Microsoft Office 组件之一，它的主要作用是（　　　　）。

    A．处理数据　　　　B．处理文字　　　　C．演示文稿　　　　D．创建数据库应用软件

48．在 Excel 2010 工作簿中既有工作表又有图表，当执行"文件"→"保存"命令时，（　　　　）。

    A．只保存工作表文件　　　　　　　　B．只保存图表文件

    C．分成两个文件来保存　　　　　　　D．将工作表和图表作为一个文件来保存

49．在 Excel 2010 中选择多张不相邻的工作表，可先单击第一张工作表标签，然后按住（　　　　）键，再单击其他工作表标签。

    A．【Ctrl】　　　　B．【Alt】　　　　C．【Shift】　　　　D．【Enter】

50．在 Excel 2010 中，工作表的最小单位是（　　　　）。

    A．单元　　　　　　B．单元点　　　　　C．单元格　　　　　D．交叉点

51．在某个单元格的数值为 1.234E+05，它与（　　　　）相等。

    A．23 405　　　　　B．2 345　　　　　　C．6.234　　　　　　D．123 400

52．在 Excel 2010 中，选定第 4、5、6 三行，右击，选择"插入"命令后，插入了（　　　　）。

    A．3 行　　　　　　B．1 行　　　　　　C．4 行　　　　　　D．6 行

53．为了取消分类汇总的操作，必须（　　　　）。

    A．选择"文件"→"删除"命令

    B．按【Del】键

    C．在分类汇总对话框中单击"全部删除"按钮

    D．以上都不可以

54．在 Excel 2010 中，关于列宽的描述，不正确的是（　　　　）。

    A．可以用多种方法改变列宽

    B．不同列的列宽可以不相同

    C．同一列中不同单元格的列宽可以不相同

    D．标准列宽为 8.38

55．在 Excel 2010 中，选定几个不相连的单元格区域的操作方法是，按下鼠标左键拖动的同时，按（　　　　）键。

    A．【Alt】　　　　B．【Ctrl】　　　　C．【Shift】　　　　D．【Esc】

56. 在 Excel 2010 的单元格中输入下列（　　　）内容，可使该单元格数据显示为 0.5。

    A. '3/6　　　　　B. "3/6"　　　　　C. '3/6'　　　　　D. =3/6

57. 在 Excel 2010 中，若激活了要修改的图表，这时选项卡会增加（　　　）工具栏。

    A. 数据　　　　　B. 图表　　　　　C. 数据透视表　　D. 以上叙述均不正确

58. 若要对数据清单中的记录进行删除、修改、查找等操作，应选择（　　　）选项卡。

    A. 开始　　　　　B. 插入　　　　　C. 数据　　　　　D. 公式

59. 如果某单元格显示为#VALUE!或#DIV/0!，这表示（　　　）。

    A. 公式错误　　　B. 格式错误　　　C. 行高不够　　　D. 列宽不够

60. 若选中一个单元格后按【Del】键，这是（　　　）。

    A. 删除该单元格中的数据和格式　　B. 删除该单元格

    C. 仅删除该单元格中的数据　　　　D. 仅删除该单元格中的格式

61. 若某单元格中的公式为"=IF("教授">"助教",TRUE,FALSE)"，则其计算结果为（　　　）。

    A. TRUE　　　　　B. FALSE　　　　　C. 教授　　　　　D. 助教

62. 关于合并后居中的叙述错误的是（　　　）。

    A. 仅能向右合并　　　　　　　　　B. 也能向左合并

    C. 左、右都能合并　　　　　　　　D. 上、下也能合并

63. 关于跨越居中的叙述，下列正确的是（　　　）。

    A. 仅能向右扩展跨越居中

    B. 也能向左跨越居中

    C. 跨越居中与合并后居中一样，是将几个单元格合并成一个单元格并居中

    D. 执行了跨越居中后的数据显示且存储在所选区域的中间

64. 如果某单元格显示为若干个"#"号（如########），这表示（　　　）。

    A. 公式错误　　　B. 数据错误　　　C. 行高不够　　　D. 列宽不够

65. 如果某单元格输入="计算机文化"&"Excel 2010"，结果为（　　　）。

    A. 计算机文化 & Excel 2010　　　　B. "计算机文化"&"Excel 2010"

    C. 计算机文化 Excel 2010　　　　　D. 以上都不对

66. Excel 2010 中，清除和删除的意义是（　　　）。

    A. 完全一样

    B. 清除是指对选定的单元格和区域内的内容作清除，单元格依然存在；而删除则是将选定的单元格和单元格内的内容一并删除

    C. 删除是指对选定的单元格和区域内的内容作清除，单元格依然存在；而清除则是将选定的单元格和单元格内的内容一并删除

    D. 清除是指对选定的单元格和区域内的内容作清除，单元格的数据格式和批注保持不变；而删除则是将单元格和单元格数据格式和附注一并删除

67. Excel 2010 的每个工作簿最多有（　　　）个工作表。

    A. 3　　　　　　　　　　　　　　B. 16

    C. 只受可用内存限制　　　　　　　D. 256

68. Excel 2010 工作表中，（　　　）是单元格的混合引用。

    A. B10   B. B10   C. B$10   D. 以上都不是

69. 为了输入一批有规律的递减数据，在使用填充柄实现时，应先选中（　　　）。

    A. 有关系的相邻区域   B. 任意有值的一个单元格

    C. 不相邻的区域   D. 不要选择任意区域

70. 如果将 B3 单元格中的公式 "=C3+$D5" 复制到同一工作表的 D7 单元格中，该单元格公式为（　　　）。

    A. =C3+$D5   B. =D7+$E9   C. =E7+$D9   D. =E7+$D5

71. 要在单元格中输入数字字符，例如学号 "012222"，下列正确的是（　　　）。

    A. %012222   B. #012222   C. &012222   D. '012222

72. 在 Excel 2010 中，若想选定不连续的若干个区域，则（　　　）。

    A. 选定一个区域，拖动到下一个区域

    B. 选定一个区域，按住【Shift】键单击下一个区域

    C. 选定一个区域，按住【Shift+箭头】组合键移动到下一个区域

    D. 选定一个区域，按住【Ctrl】键选定下一个区域

73. 在 Excel 2010 中，要在当前工作表的 A2 单元格计算工作表 Sheet4 中 A2 到 A7 和，应输入的公式为（　　　）。

    A. = SUM(Sheet4!A2:A7)   B. = SUM((Sheet4)A2:(Sheet4)A7)

    C. = SUM((Sheet4)A2:A7)   D. = SUM((Sheet4)A2:(Sheet4)A7)

74. 在 Excel 2010 中，单元格行高的调整可通过（　　　）进行。

    A. 拖动行号上的边框线

    B. 选择"开始"选项卡，单击"单元格"选项组中的"格式"按钮右侧的下拉按钮，选择"默认列宽"命令

    C. 选择"开始"选项卡，单击"单元格"选项组中的"格式"按钮右侧的下拉按钮，选择"列宽"命令

    D. 以上均可以

75. 当前工作表上有一学生情况数据列表（包含学号、姓名、专业、3 门主课成绩等字段），如欲查询专业的每门课的平均成绩，以下最合适的方法是（　　　）。

    A. 数据透视表   B. 筛选   C. 排序   D. 建立图表

76. 对于 Excel 2010 所提供的数据图表，下列说法正确的是（　　　）。

    A. 独立式图表是与工作表相互无关的表

    B. 独立式图表是将工作表数据和相应图表分别存放在不同的工作簿

    C. 独立式图表是将工作表数据和相应图表分别存放在不同的工作表

    D. 当工作表数据变动时，与它相关的独立式图表不能自动更新

77. 在 Excel 2010 中，对排序叙述不正确的是（　　　）。

    A. 只能对数据列表中按列排序，不能按行排序

    B. 如果只有一个排序关键字，可以直接单击↓↑或↑↓按钮

    C. 当使用↓↑或↑↓按钮排序时，只改变排序列的次序，其他列的数据不同步改变

D. 当要对多个关键字排序，只能打开"排序"对话框进行设置

78. 在 Excel 2010 中，"排序"对话框中提供了指定 3 个关键字及排序方式，其中
（　　　）。

　　A. 3 个关键字都必须指定　　　　　　B. 3 个关键字都不必指定

　　C. 主要关键字必须指定　　　　　　　D. 主、次关键字必须指定

79. 利用 Excel 2010 的自定义序列功能建立新序列，在输入新序列各项之间要用
（　　）加以分隔。

　　A. 全角分号　　　B. 全角逗号　　　C. 半角分号　　　D. 半角逗号

80. 对图表对象的编辑，下面叙述不正确的是（　　　）。

　　A. 图例的位置可以在图表区的任意处

　　B. 对图表区对象的字体改变，将同时改变图表区内所有对象的字体

　　C. 鼠标指针指向图表区的 8 个方向控制点之一拖放，可进行对图表的缩放

　　D. 不能实现将嵌入图表与独立图表的互转

81. 关于筛选掉的记录的叙述，下面（　　　）是错误的。

　　A. 不打印　　　B. 不显示　　　C. 永远丢失了　　D. 可以恢复

82. 在 Excel 2010 工作表中，不正确的单元格地址是（　　　）。

　　A. C$66　　　B. $C66　　　C. C6$6　　　D. $C66

83. Excel 2010 作饼图时，选中的数值行列（　　　）。

　　A. 只有前一行或前一列有用　　　　B. 只有末一行或末一列有用

　　C. 各列都有用　　　　　　　　　　D. 各列都无用

84. 当对建立的图表进行修改，下列叙述正确的是（　　　）。

　　A. 先修改工作表的数据，再对图表做相应的修改

　　B. 先修改图表中的数据点，再对工作表中相关数据进行修改

　　C. 工作表的数据和相应的图表是关联的，用户只要对工作表的数据修改，图
　　　表就会自动相应更改

　　D. 当在图表中删除了某个数据点，则工作表中相关数据也被删除

85. 在 Excel 2010 中，制作图表的数据可取自（　　　）。

　　A. 分类汇总隐藏明细后的结果　　　B. 透视表的结果

　　C. 工作表的数据　　　　　　　　　D. 以上都可以

86. PowerPoint 2010 是（　　　）。

　　A. 文字处理软件　　　　　　　　　B. 数据库管理软件

　　C. 演示文稿制作软件　　　　　　　D. 网页制作软件

87. 在 PowerPoint 2010 中，在"幻灯片浏览"视图下若要移动当前幻灯片到 10 号
幻灯片的前面，先剪切当前幻灯片，然后决定插入位置，其操作是（　　　）。

　　A. 单击 10 号幻灯片缩略图　　　　B. 单击 10 号幻灯片缩略图后面

　　C. 单击 9 号幻灯片缩略图前面　　　D. 单击 10 号幻灯片缩略图前面

88. 不启动 Powerpoint 2010 可以直接进行播放的文件扩展名是（　　　）。

　　A. .pptx　　　　B. .fpt　　　　C. .ddl　　　　D. .ppsx

89. 在 PowerPoint 2010 中，要同时选择 10 号和 14 号两张幻灯片，最好在（　　）视图下进行。

    A. 幻灯片放映　　B. 阅读视图　　　　C. 幻灯片浏览　　D. 普通

90. 在 PowerPoint 2010 中，在幻灯片浏览视图下，选择不连续的若干张幻灯片的方法是（　　）。

    A. 按住【Ctrl】键逐张单击各幻灯片

    B. 逐张单击各幻灯片

    C. 先单击其中的第 1 张幻灯片，再按住【Ctrl】键单击最后一张幻灯片

    D. 先单击其中的第 1 张幻灯片，再按住【Shift】键单击最后一张幻灯片

91. 在 PowerPoint 2010 中，在幻灯片上插入剪贴画的方法是（　　）。

    A. 选择"插入"选项卡，单击"图像"选项组中的"剪贴画"按钮

    B. 选择"开始"选项卡，单击"对象"选项组中的"剪贴画"按钮

    C. 选择"设计"选项卡，单击"图像"选项组中的"剪贴画"按钮

    D. 选择"视图"选项卡，单击"图像"选项组中的"剪贴画"按钮

92. 在 PowerPoint 2010 中，在某文本上添加超链接的方法是（　　）。

    A. 选择该文本，选择"开始"选项卡，单击"链接"选项组中的"超链接"按钮

    B. 选择该文本，选择"插入"选项卡，单击"链接"选项组中的"超链接"按钮

    C. 选择该文本，选择"切换"选项卡，单击"链接"选项组中的"超链接"按钮

    D. 选择"文件"→"超链接"命令

93. 在 PowerPoint 2010 中，要进行中文简繁转换，应先选择（　　）选项卡。

    A. 设计　　　　　B. 插入　　　　　C. 审阅　　　　　D. 视图

94. 在 PowerPoint 2010 中，正在编辑的演示文稿若想换名保存,可以（　　）。

    A. 单击"保存"按钮　　　　　　B. 选择"文件"→"另存为"命令

    C. 单击"另存为"按钮　　　　　D. 选择"文件"→"保存"命令

95. 在 PowerPoint 2010 中，为了确保所画的直线是垂直线，应（　　）。

    A. 小心翼翼地画垂直线　　　　　B. 按住【Tab】键画垂直线

    C. 按住【Shift】键画垂直线　　　D. 按住【Alt】键画垂直线

96. 在 PowerPoint 2010 中，若演示文稿文件已经打开，则不能放映它的操作是（　　）。

    A. 单击状态栏中的"幻灯片放映"按钮

    B. 选择"幻灯片放映"选项卡，单击"开始放映幻灯片"选项组中的"从头开始"按钮

    C. 选择"幻灯片放映"选项卡，单击"开始放映幻灯片"选项组中的"从当前幻灯片开始"按钮

    D. 选择"文件"→"幻灯片放映"命令

97. 在 PowerPoint 2010 中，要从当前幻灯片开始放映，应（　　）。

    A. 选择"幻灯片放映"选项卡，单击"开始放映幻灯片"选项组中的"从当前幻灯片开始"按钮

B. 选择"开始"选项卡，单击"开始放映幻灯片"选项组中的"从当前幻灯片开始"按钮

C. 选择"插入"选项卡，单击"开始放映幻灯片"选项组中的"从当前幻灯片开始"按钮

D. 选择"文件"→"幻灯片放映"命令

98. 在 PowerPoint 2010 中，使所有幻灯片上均出现"图片"字样的最好方法是（　　）。

A. 逐张幻灯片输入该文字

B. 在第 1 张幻灯片输入该文字后，按住【Shift】键并在最后一张幻灯片上输入该文字

C. 在幻灯片母版上输入该文字

D. 在第 1 张幻灯片输入该文字后，按住【Ctrl】键并在最后一张幻灯片上输入该文字

99. 在 PowerPoint 2010 中，若幻灯片母版上有图片背景，仅删除第 10 张幻灯片上的图片背景的方法是（　　）。

A. 单击第 10 张幻灯片，选择"设计"选项卡，在"背景"选项组中单击"隐藏背景图形"复选框

B. 单击第 10 张幻灯片，选择"文件"→"删除"命令

C. 单击第 10 张幻灯片，选择"开始"选项卡，在"背景"选项组中单击"隐藏背景图形"复选框

D. 删除幻灯片母版上的图片

100. PowerPoint 2010 中，为了使多张幻灯片具有一致的外观，可以使用母版，用户可进入的母版视图有幻灯片母版、（　　）。

A. 备注母版　　　B. 讲义母版　　　C. 普通母版　　　D. A 和 B 都对

101. 在 PowerPoint 2010 中，在幻灯片上绘制正方形，可以单击"矩形"选项按钮，然后在幻灯片上按住（　　）键拖动鼠标。

A.【Ctrl】　　　B.【Shift】　　　C.【Alt】　　　D.【F1】

102. 在 PowerPoint 2010 中，若要移动幻灯片上的无填充色椭圆，先单击它，把鼠标指针移到（　　），出现十字光标时再拖动鼠标到目标位置。

A. 图形内部　　　　　　　　　B. 图形边框上

C. 图形周围的小方块上　　　　D. 以上均不对

103. 在 PowerPoint 2010 中，如果想把多个图形一次移动到其他位置，首先应(　　)，然后再拖动图形到目标位置。

A. 依次单击各图形

B. 按【Ctrl】键或【Shift】键依次单击各图形

C. 按【Alt】键或【Shift】键依次单击各图形

D. 按【Alt】键或【Ctrl】键依次单击各图形

104. 在 PowerPoint 2010 中，创建艺术字的方法是（　　）。

A. 选择"插入"选项卡，单击"文本"选项组中的"艺术字"按钮

B. 选择"设计"选项卡，单击"文本"选项组中的"艺术字"按钮

C. 选择"插入"选项卡，单击"图形"选项组中的"艺术字"按钮

D. 选择"插入"选项卡，单击"图片"选项组中的"艺术字"按钮

105. 在 PowerPoint 2010 中，幻灯片声音的播放方式是（　　　）。

A. 执行到该幻灯片时自动播放

B. 执行到该幻灯片时不会自动播放，须双击该声音图标才能播放

C. 执行到该幻灯片时不会自动播放，须单击该声音图标才能播放

D. 由插入声音图标时的设定决定播放方式

106. 在 PowerPoint 2010 中，下列（　　　）不是幻灯片放映类型。

A. 在展台浏览　B. 演讲者放映　　C. 观众自行浏览　D. 循环浏览

107. 为幻灯片中的对象设置动画效果的方法是（　　　）。

A. 选择"文件"→"预设动画"命令

B. 选择"自定义动画"选项卡，单击"高级动画"选项组中的"添加动画"按钮

C. 选择"动画"选项卡，单击"高级动画"选项组中的"添加动画"按钮

D. 选择"动画"选项卡，单击"动画"选项组中的"添加动画"按钮

108. 在 PowerPoint 2010 中，为了设置幻灯片的切换方式，可以（　　　）。

A. 选择"动画"选项卡，单击"切换"选项组中的"切换幻灯片"按钮

B. 选择"文件"→"幻灯片切换"命令

C. 选择"切换"选项卡，单击"切换到此幻灯片"选项组中的相关按钮

D. 选择"切换"选项卡，单击"切换"选项组中的"切换幻灯片"按钮

109. 在 PowerPoint 2010 中，设置幻灯片放映方式的操作是（　　　）。

A. 选择"幻灯片放映"选项卡，单击"监视器"选项组中的"设置幻灯片放映"按钮

B. 选择"文件"→"放映方式"命令

C. 选择"幻灯片放映"选项卡，单击"设置"选项组中的"设置幻灯片放映"按钮

D. 选择"幻灯片放映"选项卡，单击"开始放映幻灯片"选项组中的"设置幻灯片放映"按钮

110. 在 PowerPoint 2010 中，在幻灯片母版中插入的对象，只能在（　　　）中可以修改。

A. 普通视图　　B. 幻灯片母版　　C. 讲义母版　　　D. 以上都不可以

111. 在 PowerPoint 2010 中，在当前演示文稿中要新增一张幻灯片，采用（　　　）方式。

A. 选择"插入"选项卡，单击"幻灯片"选项组中的"新建幻灯片"按钮

B. 选择"开始"选项卡，单击"幻灯片"选项组中的"新建幻灯片"按钮

C. 选择"编辑"选项卡，单击"幻灯片"选项组中的"新建幻灯片"按钮

D. 选择"文件"→"新建幻灯片"命令

112. 在 PowerPoint 2010 中，通过（　　　）视图，可方便地对幻灯片进行移动、复制、删除等编辑操作。

A. 幻灯片浏览　B. 普通　　　　C. 幻灯片放映　D. 以上都不行

113. 在 PowerPoint 2010 中，要在已设置编号的幻灯片上显示幻灯片编号，必须（　　　）。

    A. 选择"设计"选项卡，单击"文本"选项组中的"幻灯片编号"按钮

    B. 选择"插入"选项卡，单击"文本"选项组中的"幻灯片编号"按钮

    C. 选择"插入"选项卡，单击"图形"选项组中的"幻灯片编号"按钮

    D. 选择"插入"选项卡，单击"图片"选项组中的"幻灯片编号"按钮

114. 在 PowerPoint 2010 中，要使每张幻灯片的标题具有相同的字体格式、有相同的图标，应通过（　　　）快速地实现。

    A. 选择"插入"选项卡，单击"母版视图"选项组中的"幻灯片母版"按钮

    B. 选择"视图"选项卡，单击"母版视图"选项组中的"幻灯片母版"按钮

    C. 选择"视图"选项卡，单击"母版"选项组中的"幻灯片母版"按钮

    D. 选择"设计"选项卡，单击"母版视图"选项组中的"幻灯片母版"按钮

115. 在 PowerPoint 2010 中，在空白幻灯片中不可以直接插入（　　　）。

    A. 文本框　　　　B. 文字　　　　C. 艺术字　　　　D. Word 2010 表格

116. 在 PowerPoint 2010 中，在（　　　）方式下，可以采用拖放的方法来改变幻灯片的顺序。

    A. 普通视图和幻灯片浏览视图　　　　B. 普通视图和幻灯片放映视图

    C. 普通视图和母版视图　　　　D. 幻灯片放映视图和母版视图

117. 在 PowerPoint 2010 中，幻灯片间的动画效果，通过单击（　　　）选项卡下"切换到此幻灯片"选项组中的相关按钮来设置。

    A. 开始　　　　B. 设计　　　　C. 动画　　　　D. 切换

118. 在 PowerPoint 2010 中，PowerPoint 2010 增加幻灯片可以使用（　　　）组合键。

    A.【Ctrl+N】　　B.【Ctrl+M】　　C.【Ctrl+O】　　D.【Ctrl+S】

119. 在 PowerPoint 2010 中，已设置了幻灯片的动画，但没有动画效果，是因为（　　　）。

    A. 没有切换到普通视图　　　　B. 没有切换到幻灯片浏览视图

    C. 没有设置动画　　　　D. 没有切换到幻灯片放映视图

120. 有关 PowerPoint 2010，下列说法错误的是（　　　）。

    A. 允许插入在其他图形程序中创建的图片

    B. 为了将某种格式的图片插入到 PowerPoint 中，必须安装相应的图形过滤器

    C. 选择"插入"→"图片"命令，再选择"来自文件"

    D. 插入图片前不能预览图片

121. 在 PowerPoint 2010 制作的演示文稿以（　　　）为基本单位组成。

    A. 幻灯片　　　　B. 工作表　　　　C. 文档　　　　D. 图片

3.2 填 空 题

1. 列举常用的 5 个应用软件：_____、_____、_____、_____、_____。

2. Word 2010 是运行在_____平台下的字处理软件，Office 软件属于_____软件。

3. 在 Word 2010 中，按_____键可以实现"插入"方式与"改写"方式的相互转换。

4. 在 Word 2010 的编辑状态下，默认情况是没有标尺出现的，可要显示标尺可以击_____。

5. Word 2010 文档中段落右对齐的快捷键是_____。

6. Excel 2010 中单元格引用中，单元格地址会随位移的方向与大小的改变而改变的称为_____。

7. 段落缩进排版最快的方法是通过拖动标尺上缩进符来设置。首行缩进应拖动_____；悬挂缩进应拖动_____；左段缩进应拖动_____；右段缩进应拖动_____。

8. Word 2010 中，段落对齐方式有 5 种，分别为_____、_____、_____、_____、_____。

9. Word 2010 中，Word 文档中段落首行空两个字符可通过_____进行设置。

10. Word 2010 中，在对表格中的汉字进行排序时，系统不但能提供按拼音字母次序排列，还提供了按_____排列的方式。

11. Word 2010 中，要统计文档中的字符数通过选择"审阅"选项卡，在"校对"选项组中单击_____按钮来实现。

12. Word 2010 中，要快速将插入点定位于长文档的第 89 页，最方便的操作方式为_____。

13. Word 2010 中，选中整个表格，再单击▤按钮，居中的是_____。

14. Word 2010 中，默认状态下为细的单线，要设置为双线，可以采用如下方法：选择"开始"选项卡，单击"段落"选项组中"边框"下拉按钮，在下拉列表中选择_____命令。

15. Word 2010 中，要将表格转换成文本，通过_____方法实现。

16. 在 Word 2010 中，表格具有浮动特性，是指_____。

17. 在 Word 2010 中对插入的图片有浮动式和嵌入式两种显示形式，在 Word 2010 中，默认插入的图片是_____式。

18. Word 2010 中创建目录首先要对文档_____。

19. 在 Word 2010 中，要选定多段文档，通过_____操作方式实现。

20. Word 2010 中，如果要设置图片颜色的饱和度，可以通过"格式"选项卡的选项组实现。

21. Word 2010 中，合并字符功能允许合并文字的最多个数是_____个。

22. ㊣使用的是 Word 中的_____功能。

23. 在 Excel 2010 中，标准列宽为_____。

24. 若对工作表 Sheet1 的复制，复制后的工作表副本自动取名为_____。

25. 在 Excel 2010 中，一个工作簿中默认有_____张工作表，最多可有_____张工作表。

26. 在 Excel 2010 中，一张工作表最多有_____列，最多有_____行。

27. 在 Excel 2010 中，函数 Count(B2:D3)的返回值是_____。其中第 2 行的数据

均为数值，第 3 行的数据均为文字。

28. 在 Excel 2010 中，在单元格输入数据时，默认情况下，数值数据_____对齐存放，字符数据_____对齐存放；当输入内容超过列宽，而右边列有内容时，数值数据以_____形式显示，字符数据以_____形式显示。

29. 在 Excel 2010 中，要将一个工作簿中的一张工作表移动或复制到另一个工作簿中，首先必须同时打开源和目标工作簿，然后用拖动或者用_____命令进行。

30. 在 Excel 2010 中，要对某单元格中的数据加以说明，一般利用在该单元格插入_____，然后输入说明性文字。

31. 在 Excel 2010 中，当利用函数或公式对某些单元格内容（简称数据源）进行统计后，若改变数据源的某些值后，系统_____修改统计结果。

32. 在 Excel 2010 中，要选中不连续的多个区域，按住_____键配合鼠标操作。

33. 在 Excel 2010 中，要快速定位到 J768 单元格的方法是_____。

34. 在 Excel 2010 中，在 Excel 2010 中，对数据列表进行分类汇总以前，必须先对作为分类依据的字段进行_____操作。

35. 在 Excel 2010 中，函数 AVERAGE(A1:A3) 相当于用户输入的_____公式。

36. 在 Excel 2010 中通过工作表创建的图表有两种，分别为_____图表和_____图表。

37. 在 Excel 2010 中，系统默认网格线_____打印。

38. 在 Excel 2010 中已输入的数据清单含有字段：学号、姓名和成绩，若希望只显示成绩不及格的学生信息，可以使用_____功能。

39. 在 Excel 2010 中输入数据时，如果输入的数据具有某种内在规律，则可以利用它的_____功能进行输入。

40. 在中 Excel 2010 中，先单击 C2 单元格，然后按住【Shift】键，单击 G3 单元格，则选定的区域有_____个单元格。

41. 在 Excel 2010 中，AVERAGE(C6:C8) 表示_____。

42. 在 Excel 2010 中，公式的输入必须以_____开头。

43. PowerPoint 2010 模板文件的默认扩展名为_____；演示文稿的默认扩展名为_____。

44. 在 PowerPoint 2010 中，新建演示文稿的快捷键是_____。

45. 在 PowerPoint 2010 中，提供了 5 种视图方式显示演示文稿，它们是_____、_____、_____、_____和_____。

46. 在 PowerPoint 2010 中，复制、删除、移动幻灯片可以在_____、_____视图下进行。

47. 在 PowerPoint 2010 中，"文件"→"关闭"命令的功能是_____。

48. 在 PowerPoint 2010 中，要放映 AA.PPT，先打开它，然后选择"幻灯片放映"选项卡，单击"开始放映幻灯片"选项组中的_____按钮。

49. 在 PowerPoint 2010 中，要从当前幻灯片开始放映，可以单击状态栏右侧的_____按钮。

50. 在 PowerPoint 2010 中，在幻灯片浏览视图下，选择连续的若干张幻灯片的方法是：先选择要选择的首张幻灯片，再按住_____键单击要选择的最后一张幻灯片。

51. 在 PowerPoint 2010 中，在_____视图下，可以很方便地采用拖动幻灯片到目标位置的方法移动幻灯片。

52. 在 PowerPoint 2010 中，要将所有幻灯片的标题文本颜色一律改为红色，只需在_____上做一次修改即可。

53. 在 PowerPoint 2010 中，可对幻灯片中组成对象的种类以及对象间相互位置进行设置的功能称为_____。

54. 在 PowerPoint 2010 中，设置动画有两种方式：动画方案和自定义动画，二者的主要区别是_____。

55. 在 PowerPoint 2010 中，设置超链接有_____、_____两种方式，主要区别是_____。

56. 在 PowerPoint 2010 中，在幻灯片放映过程中，使用"绘图"在幻灯片上讲解时进行的涂写，实际上_____直接在幻灯片中做各种涂写。

57. 在 PowerPoint 2010 中，设置多个对象具有相同的动画效果可以使用_____。

58. 在 PowerPoint 2010 中，演示文稿一般按原来的顺序依次放映。有时需要改变这种顺序，这可以借助于_____的方法来实现。

59. 在 PowerPoint 2010 中，幻灯片中的声音循环播放时，终止播放的方法为按_____键或_____。

60. 在 PowerPoint 2010 中，要设置幻灯片的起始编号，应首先选择"视图"选项卡，在"母版视图"选项组中单击"幻灯片母版"按钮，打开幻灯片母版视图，然后在"页面设置"选项组中，单击_____按钮来实现。

61. 在 PowerPoint 2010 中，要停止正在放映的幻灯片，只要按_____键即可。

62. 在 PowerPoint 2010 的"设计"选项卡中，有下面 3 类选项组：_____、_____和_____。

63. 在 PowerPoint 2010 中，项目符号除了各种符号外，还可以是_____。

64. 在 PowerPoint 2010 中，对文本要增加段前、段后间距的设置，应选择"开始"选项卡，单击"_____"选项组右下角的□按钮，打开"段落"对话框进行设置。

65. 在 PowerPoint 2010 中，要将幻灯片编号显示在幻灯片的右上方，应在_____视图中设置。

66. 在 PowerPoint 2010 中，要使幻灯片根据预先设置好的"排练计时"时间，不断重复放映，这需要在_____对话框中进行设置。

第4章

数据库应用基础
测试题 ‹‹‹

4.1 选 择 题

1. 按一定的组织结构方式存储在计算机存储设备上，并能为多个用户所共享的相关数据的集合称为（　　　）。

    A. 数据库　　　　　B. 数据库管理系统 C. 数据库系统　　D. 数据结构

2. 数据库系统的独立性是指（　　　）。

    A. 不会因为数据的变化而影响应用程序

    B. 不会因为系统数据存储结构与数据逻辑结构的变化而影响应用程序

    C. 不会因为数据存储策略的变化而影响数据存储结构

    D. 不会因为某些数据逻辑结构的变化而影响应用程序

3. 数据库系统与文件系统的主要区别是（　　　）。

    A. 数据库系统复杂，而文件系统简单

    B. 文件系统不能解决数据冗余和数据独立性的问题，而数据系统可以解决

    C. 文件系统只能管理程序文件，而数据库系统能够管理各种类型的文件

    D. 文件系统管理的数据量少，而数据库系统可以管理庞大的数据量

4. 最常用的一种基本数据模型是关系数据模型，它的表示采用（　　　）。

    A. 树　　　　　　B. 网络　　　　　C. 图　　　　　D. 二维表

5. 有关数据库系统的描述中，正确的是（　　　）。

    A. 数据库系统避免了一切冗余

    B. 数据库系统减少了数据冗余

    C. 数据库系统比文件系统能管理更多的数据

    D. 数据库系统中数据的一致性是指数据类型的一致

6. 数据库、数据库系统和数据库管理系统之间的关系是（　　　）。

    A. 数据库包括数据库系统和数据库管理系统

    B. 数据库系统包括数据库和数据库管理系统

    C. 数据库管理系统包括数据库和数据库系统

    D. 三者之间没有必然的联系

7. 数据库的特点之一是数据的共享，严格地讲，这里的数据共享是指（　　　　）。

  A．同一应用的多个程序共享一个数据集合

  B．多个用户、同一语言共享

  C．多个用户共享同一个数据文件

  D．多种应用、多种语言、多个用户相互覆盖地使用数据集合

8. 关系表中的每一横行称为（　　　　）。

  A．元组　　　　　　B．字段　　　　　　C．属性　　　　　　D．码

9. 下列说法中，不属于数据模型所描述的内容的是（　　　　）。

  A．数据结构　　　B．数据操作　　　C．数据查询　　　D．数据约束

10. 数据库系统中，数据模型有（　　　　）3 种。

  A．大型、中型和小型　　　　　　　　B．环状、链状和网状

  C．层次、网状和关系　　　　　　　　D．数据、图形和多媒体

11. 数据库管理系统中能实现对数据库中的数据进行查询、插入、修改和删除，这类功能称为（　　　　）。

  A．数据定义功能　B．数据管理功能　C．数据操纵功能　D．数据控制功能

12. 三级模式间存在二级映射，它们是（　　　　）。

  A．概念模式与子模式间、概念模式与内模式间

  B．子模式与内模式间、外模式与内模式间

  C．子模式与外模式间、概念模式与内模式间

  D．概念模式与内模式间、外模式与内模式间

13. 下面有关"数据处理"的说法正确的是（　　　　）。

  A．数据处理只是对数值进行科学计算

  B．数据处理只是在出现计算机以后才有的

  C．对数据进行汇集、传输、分组、排序、存储、检索、计算等都是数据处理

  D．数据处理可有可无

14. 对于数据库而言，能支持它的各种操作的软件系统称为（　　　　）。

  A．命令系统　　　B．数据库系统　　　C．操作系统　　　D．数据管理系统

15. 数据库系统的应用使数据与程序之间的关系为（　　　　）。

  A．较高的独立性　　　　　　　　　　B．更多的依赖性

  C．数据与程序无关　　　　　　　　　D．程序调用数据更方便

16. 数据处理经历了由低级到高级的发展过程，大致可分为 3 个阶段，现在处于（　　　　）阶段。

  A．无管理　　　　B．文件系统　　　C．数据库系统　　D．人工管理

17. 数据系统具有（　　　　）特点。

  A．数据的结构化　　　　　　　　　　B．较小的冗余度

  C．较高程度的数据共享　　　　　　　D．三者都有

18. 数据库管理系统（DBMS）是（　　　　）。

  A．信息管理的应用软件　　　　　　　B．数据系统＋应用程序

    C. 管理中的数据库   D. 管理数据库的软件工具

19. 数据库管理系统的核心部分是（　　　　）。

    A. 数据库的定义功能   B. 数据存储功能

    C. 数据库的运行管理   D. 数据库的建立和维护

20. 数据库的并发控制机制是由于（　　　　）而设立的。

    A. 操作不当造成数据丢失   B. 数据库的更新操作

    C. 用户共享数据库   D. 文件传输破坏数据

21. 事务是完成某项任务而单独执行的一个程序，故事务的执行必须保证（　　　　）。

    A. 发现错误立即返回   B. 因故障中断，删除处理结果返回

    C. 故障中断，立即退出   D. 发现错误，发生中断

22. 数据库系统中采用封锁技术的目的是保证（　　　　）。

    A. 数据的一致性   B. 数据的可靠性   C. 数据的完整性   D. 数据的安全性

23. 从数据安全的角度，希望数据库系统数据需要（　　　　）。

    A. 数据不能冗余   B. 数据要有冗余   C. 数据集中存储   D. 数据分散存储

24. 数据库数据恢复的技术手段分别是（　　　　）。

    A. 授权与封锁   B. 建立用户名和口令

    C. 数据操纵语句 DML   D. 转储与日志文件

25. 下列不属于数据库中的 7 种对象之一的是（　　　　）。

    A. 查询   B. 向导   C. 窗体   D. 模块

26. Access 2010 提供的数据类型不包括（　　　　）。

    A. 文字   B. 备注   C. 货币   D. 日期/时间

27. 可以添加图片、声音等对象的字段的数据类型是（　　　　）。

    A. 超链接   B. 备注   C. OLE 对象   D. 查阅向导

28. 属于 Access 2010 可以导入或链接数据源的是（　　　　）。

    A. Access   B. dBASE   C. Excel   D. 以上都是

29. 如果想找出不属于某个集合的所有数据，可使用（　　　　）操作符。

    A. And   B. Or   C. Like   D. Not

30. 在与 Like 关键字一起得到的通配符中，使用（　　　　）通配符可以查找 0 个或多个字符。

    A. ?   B. *   C. #   D. !

31. Access 查询的数据源可以来自（　　　　）。

    A. 表   B. 查询   C. 窗体   D. 表和查询

4.2 填 空 题

1. 目前常用的数据库类型有 ＿＿＿＿＿＿、＿＿＿＿＿＿、＿＿＿＿＿＿。

2. 数据库系统的三级模型结构是 ＿＿＿＿＿＿、＿＿＿＿＿＿和＿＿＿＿＿＿。

3. 数据模型是 ＿＿＿＿＿＿、＿＿＿＿＿＿、＿＿＿＿＿＿。

4. 数据库系统中实现各种数据管理功能的核心软件称为_____。

5. 数据管理技术经历了_____、_____、_____。

6. 在关系模型中，把数据看成一个二维表，每个二维表称为一个_____。

7. 实现概念模型最常用的表示方法是_____。

8. 在一个表中最多可以建立_____个主键，可以建立_____索引。

9. 建立一个数据表一般有两个步骤，先建立_____，然后_____。

10. 数据模型不仅表示反映事物本身的数据，而且表示_____。

11. 用二维表的形式来表示实体之间的联系的数据模型称为_____。

12. 二维表中的列称为_____；二维表中的行称为_____。

13. 在关系数据库的基本操作中，从表中取出满足条件元组的操作称为_____；把两个关系中相同属性值的元组连接到一起形成新的二维表的操作称为_____；从表中抽取属性值满足条件列的操作称为_____。

14. 自然连接是指_____。

15. 数据库设计的 4 个阶段分别是_____、_____、_____和_____。

16. 数据独立性分为逻辑独立与物理独立性，当数据的存储结构改变时，其逻辑结构可以不变，因此，基于逻辑结构的应用程序不必修改，这称为_____。

17. 关系数据库的逻辑模型设计阶段的任务是将总体 E-R 模型转换成_____。

18. 实体间联系的主要类型有_____、_____和_____。

19. 数据库系统各类用户对数据的各种操作请求都是由_____来完成的。

20. 查询的 3 种视图分别是_____、_____和_____。

21. 操作查询包括删除查询、_____和_____。

22. 窗体对象有 3 种视图：_____、_____和_____。

23. 数据透视表窗体有_____和_____。

24. 在窗体设计中，控件共有_____、_____和_____ 3 种。

25. 在设计窗体时使用标签工具创建的是单独的标签，它在窗体的_____视图中不能显示。

26. 窗体属性对话框中有_____、_____、_____、_____和_____ 5 个选项卡。

27. 报表有 3 种视图，它们是_____、_____和_____。

28. 主报表最多包含_____级子报表。

29. 交叉报表是以_____为数据源的报表。

30. 在主报表中加入子报表时，子报表的记录源中应具有_____相关字段。

第 5 章

程序设计与软件
开发基础测试题 <<<

5.1 选 择 题

1. 结构化程序设计主要强调的是（　　）。

　　A. 程序的规模　　　　　　　　　　B. 程序的易读性

　　C. 程序的执行效率　　　　　　　　D. 程序的可移植性

2. 下列（　　）不是从源程序文档化角度要求考虑的因素。

　　A. 符号的命名　　　　　　　　　　B. 程序的注释

　　C. 视觉组织　　　　　　　　　　　D. 避免采用复杂的条件语句

3. 下列（　　）不是 3 种基本结构中的一种。

　　A. 顺序结构　　　B. 选择结构　　　C. 并行结构　　　D. 重复结构

4. 对建立良好的程序设计风格，描述正确的是（　　）。

　　A. 程序应简单、清晰、可读性好　　B. 符号名的命名只要符合语法即可

　　C. 充分考虑程序的执行效率　　　　D. 程序的注释可有可无

5. 在面向对象方法中，一个对象请求另一个对象为其服务的方式是通过发送（　　）。

　　A. 调用语句　　　B. 命令　　　　C. 口令　　　　D. 消息

6. 信息隐蔽的概念与下述（　　）概念直接相关。

　　A. 软件结构定义　　B. 模块独立性　　C. 模块类型划分　　D. 模块耦合度

7. 下面关于对象概念描述错误的是（　　）。

　　A. 任何对象都必须有继承性　　　　B. 对象是属性和方法的封装体

　　C. 对象间的通信靠消息传递　　　　D. 操作是对象的动态性

8. 同样的消息被不同对象接收时可导致完全不同的行为，这种现象称为（　　）。

　　A. 多态性　　　　B. 继承性　　　　C. 重载性　　　　D. 封装性

9. 算法的时间复杂度是指（　　）。

　　A. 执行算法程序所需要的时间

　　B. 算法程序的长度

　　C. 算法执行过程中所需要的基本运算次数

　　D. 算法程序中的指令条数

10. 算法的空间复杂度是指（　　　）。

    A. 算法程序的长度科学　　　　　　B. 算法程序中的指令条数

    C. 算法执行过程中所需要的存储空间　D. 算法程序所占的存储空间

11. 下列叙述中正确的是（　　　）。

    A. 线性表是线性结构　　　　　　　B. 栈与队列是非线性结构

    C. 线性链表是非线性结构　　　　　D. 二叉树是线性结构

12. 数据的存储结构是指（　　　）。

    A. 数据所占的存储空间量　　　　　B. 数据的逻辑结构在计算机中的表示

    C. 数据在计算机中的顺序存储方式　D. 存储在外存中的数据

13. 下列关于队列的叙述中正确的是（　　　）。

    A. 在队列中只能插入数据　　　　　B. 在队列中只能删除数据

    C. 队列是先进先出的线性表　　　　D. 队列是先进后出的线性表

14. 下列关于栈的叙述中正确的是（　　　）。

    A. 栈是非线性结构　　　　　　　　B. 栈是一种树状结构

    C. 栈具有先进先出的特性　　　　　D. 栈具有后进先出的特性

15. 链表不具有的特点是（　　　）。

    A. 可随机访问任一元素　　　　　　B. 插入和删除不需要移动元素

    C. 不必事先估计存储空间　　　　　D. 所需空间与线性表成正比

16. 若进栈序列为 1，2，3，4，则下面（　　　）是不可能的出栈序列。

    A. 1，2，3，4　　B. 4，3，2，1　　C. 3，4，2，1　　D. 2，4，1，3

17. 在深度为 5 的满二叉树中，叶子结点的个数为（　　　）。

    A. 32　　　　　　　B. 31　　　　　　C. 16　　　　　　D. 15

18. 对长度为 n 的线性表进行顺序查找，在最坏情况下所需要的比较次数是（　　　）。

    A. $n+1$　　　　　B. n　　　　　　C. $(n+1)/2$　　　D. $n/2$

19. 设树 T 的度为 4，其中度为 1、2、3、4 的结点个数分别为 4、2、1、1，则 T 中的叶子结点数为（　　　）。

    A. 8　　　　　　　B. 7　　　　　　C. 6　　　　　　D. 5

20. 下面不属于软件工程三要素的是（　　　）。

    A. 工具　　　　　B. 过程　　　　　C. 方法　　　　　D. 环境

21. 软件测试过程是软件开发过程的逆过程，其最基础性的测试应是（　　　）。

    A. 集成测试　　　B. 单元测试　　　C. 有效性测试　　D. 系统测试

22. 在结构化方法中，软件功能分解属于下列软件开发中的（　　　）阶段。

    A. 详细设计　　　B. 需求分析　　　C. 总体设计　　　D. 编程调试

23. 软件测试的目的是（　　　）。

    A. 发现错误　　　B. 演示程序的功能　C. 改善软件的性能　D. 挖掘软件的潜能

24. 软件调试的目的是（　　　）。

    A. 发现错误　　　　　　　　　　　B. 演示程序的功能

    C. 改善软件的性能　　　　　　　　D. 发现错误并纠正错误

25. 在详细设计阶段，经常采用的工具是（　　　）。

　　A．PAD　　　　B．SA　　　　C．SC　　　　D．DFD

26. 在软件生命周期中，能准确地确定软件系统必须做什么和必须具备哪些功能的阶段是（　　　）。

　　A．概要设计　　B．详细设计　　C．可行性分析　　D．需求分析

27. 需求分析阶段的任务是（　　　）。

　　A．软件开发的方法　B．软件开发的工具　C．软件开发的费用　D．软件系统的功能

28. 下面不属于软件设计原则的是（　　　）。

　　A．抽象　　　　B．模块化　　　C．自底向上　　　D．信息隐蔽

29. 检查软件产品是符合需求定义的过程称为（　　　）。

　　A．确认测试　　B．集成测试　　C．验证测试　　　D．验收测试

30. 下面（　　　）不是软件的组成部分。

　　A．程序　　　　B．文档　　　　C．数据　　　　D．程序的载体

5.2　填　空　题

1. 结构化程序设计的 3 种基本逻辑结构为_____、_____和_____。

2. 一般来讲，_____是指编写程序时所表现出的特点、习惯和逻辑思路。

3. 源程序文档化要求程序加注释。注释一般分为_____和功能性注释。

4. 在面向对象方法中，信息隐蔽是通过对象的_____性来实现的。

5. 类是一个支持集成的抽象数据类型，而对象是类的_____。

6. 在面向对象方法中，类之间共享属性和操作的机制称为_____。

7. 在长度为 n 的有序线性表中进行二分查找，在最坏情况下，需要的比较次数为_____。

8. 设一棵满二叉树共有 8 层，在该二叉树中有_____个结点。

9. 设一棵二叉树的中序遍历结果为 DBEAFC，前序遍历结果为 ABDEFC，则后序遍历结果为_____。

10. 在最坏情况下，冒泡排序的比较次数为_____。

11. 在一个容量为 15 的循环队列中，若头指针 front=6，尾指针 rear=9，则循环队列中共有_____个元素。

12. 软件是程序、数据和_____的集合。

13. Jackson 方法是一种面向_____的结构化方法。

14. 软件工程研究的内容主要包括_____技术和软件工程管理。

15. 软件开发环境是全面支持软件开发全过程的_____集合。

16. 软件测试分为功能测试和结构测试两类，路径测试是属于_____的一种。

17. 一个项目具有一个主管，一个项目主管可以管理多个项目，则实体“项目主管”和实体“项目”的联系属于_____。

18. _____是泛指在计算机软件的开发和维护过程中所遇到的一系列严重问题。

19. 软件工程的核心思想是把软件产品当作一个_____产品来处理。

第 6 章

计算机网络基础
测试题 ‹‹‹

6.1 选择题

1. 计算机网络最主要的功能是（　　）。

　　A. 数据处理　　　　B. 资源共享　　　C. 信息处理　　　D. 上网游戏

2. 下面属于第四代计算机网络的是（　　）。

　　A. 面向终端的联机系统　　　　　　B. 以分组交换网为中心

　　C. 体系结构标准化　　　　　　　　D. 互联网

3. 最早出现的计算机网络是（　　）。

　　A. Ethernet　　　　B. ARPANET　　　C. Internet　　　D. Intranet

4. 将若干个网络连接起来，形成一个大的网络，以便更好地实现数据传输和资源共享，称为（　　）。

　　A. 网络互联　　　　B. 网络组合　　　C. 网络连接　　　D. 网络集合

5. 计算机网络最显著的特征是（　　）。

　　A. 运算速度快　　　B. 运算精度高　　　C. 存储容量大　　　D. 资源共享

6. 建立一个计算机网络需要有网络硬件设备和（　　）。

　　A. 体系结构　　　　B. 资源子网　　　C. 网络操作系统　D. 传输介质

7. 在数据通信过程中，将模拟信号还原成数字信号的过程称为（　　）。

　　A. 调制　　　　　　B. 解调　　　　　C. 流量控制　　　D. 差错控制

8. 目前世界上最大的计算机互联网是（　　）。

　　A. ARPA 网　　　　B. IBM 网　　　　C. Internet　　　D. Intranet

9. 从系统的功能来看，计算机网络主要由（　　）组成。

　　A. 资源子网和通信子网　　　　　　B. 资源子网和数据子网

　　C. 数据子网和通信子网　　　　　　D. 模拟信号和数字信号

10. 计算机网络的资源共享功能包括（　　）。

　　A. 设备资源和非设备资源共享　　　B. 硬件资源、软件资源和数据资源共享

　　C. 硬件资源和软件资源共享　　　　D. 硬件资源和数据资源共享

11. 在计算机局域网中，以文件数据共享为目标，需要将供多台计算机共享的文件

存入一台被称为（　　　）的计算机中。

  A. 中央处理器 B. 目录服务器 C. 文件服务器 D. WWW 服务器

12. 客户机/服务器模式的局域网，其网络硬件主要包括服务器、工作站、网卡和（　　　）。

  A. 网络的拓扑结构 B. 网络通信协议 C. 传输介质 D. 网络协议

13. 关于 Windows 7 共享文件夹的说法中，正确的是（　　　）。

  A. 任何时候在"文件"菜单中都可找到"共享"命令

  B. 设置成共享的文件夹的图标无变化

  C. 设置成共享的文件夹图标下有一个箭头

  D. 设置成共享的文件夹图标下有一个上托的手掌

14. Modem 的作用是（　　　）。

  A. 实现计算机的远程联网   B. 在计算机之间传送二进制信号

  C. 实现数字信号与模拟信号的转换 D. 提高计算机之间的通信速度

15. 以下（　　　）不是计算机网络常采用的基本拓扑结构。

  A. 星形结构 B. 分布式结构 C. 总线结构 D. 环形结构

16. 计算机局域网是由（　　　）两大部分组成。

  A. 网络硬件和线路   B. 网络硬件和网络软件

  C. 网线和网络软件   D. 线路和网络软件

17. 局域网的网络软件主要包括网络数据管理系统、网络应用软件和（　　　）。

  A. 服务器操作系统   B. 网络操作系统

  C. 网络传输协议   D. 工作站软件

18. 网络软件的核心部分是（　　　）。

  A. 网络操作系统   B. 网络数据库管理系统

  C. 工作站软件   D. 网络应用软件

19. 网络操作系统种类较多，下面（　　　）不能被认为是网络操作系统。

  A. NetWare B. DOS   C. UNIX   D. Windows NT

20. ISO 和 OSI 的区别是（　　　）。

  A. 它们没有区别，只是笔误

  B. ISO 是"国际标准化组织"的简称，OSI 是"开放系统互连"的简称

  C. OSI 是"国际标准化组织"的简称，ISO 是"开放系统互连"的简称

  D. 以上说法都不对

21. OSI 参考模型的基本结构分为（　　　）。

  A. 6 层   B. 5 层   C. 7 层   D. 4 层

22. OSI 参考模型的最高层是（　　　）。

  A. 表示层   B. 网络层   C. 应用层   D. 会话层

23. 在 OSI 参考模型中，最低层和最高层分别为（　　　）。

  A. 传输层和会话层   B. 网络层和应用层

  C. 物理层和应用层   D. 链路层和表示层

24. 把计算机与通信介质相连并实现局域网通信协议的关键设备是（　　）。

    A. 串行输入口　　B. 多功能卡　　　C. 电话线　　　　D. 网络适配器

25. 网络适配器通常称为（　　）。

    A. 网卡　　　　　B. 集线器　　　　C. 路由器　　　　D. 服务器

26. 当进行网络互联时，如果总线网的网段已超过最大距离，可用（　　）来增强信号，以便使信号传输更远的距离。

    A. 中继器　　　　B. 网卡　　　　　C. 网关　　　　　D. 路由器

27. 网络中所使用的互连设备 Hub 称为（　　）。

    A. 集线器　　　　B. 路由器　　　　C. 服务器　　　　D. 网关

28. 网络类型按通信范围分为（　　）。

    A. 局域网、以太网、Internet　　　　B. 局域网、城域网、Internet

    C. 电缆网、城域网、Internet　　　　D. 中继网、局域网、Internet

29. 计算机网络使用的通信介质包括（　　）。

    A. 电缆、光纤和双绞线　　　　　　　B. 有线介质和无线介质

    C. 光纤和微波　　　　　　　　　　　D. 卫星和电缆

30. 在以下 4 种通信介质中，传输效果最好的是（　　）。

    A. 双绞线　　　　B. 同轴电缆　　　C. 光纤电缆　　　D. 电话线路

31. 在 Internet 中，一个域名的最后一部分是（　　）。

    A. 单位域名　　　B. 组织域名　　　C. 设备域名　　　D. 地理域名

32. TCP 协议的主要功能是（　　）。

    A. 数据转换　　　B. 分配 IP 地址　C. 路由控制　　　D. 分组及差错控制

33. LAN 是（　　）的英文的缩写。

    A. 城域网　　　　B. 网络操作系统　C. 局域网　　　　D. 广域网

34. Internet 实现了分布在世界各地的各类网络的互连，其最基础和核心的协议是（　　）。

    A. TCP/IP　　　　B. FTP　　　　　C. HTML　　　　D. HTTP

35. TCP/IP 的含义是（　　）。

    A. 局域网传输协议　　　　　　　　　B. 拨号入网传输协议

    C. 传输控制协议和网际协议　　　　　D. OSI 协议集

36. 浏览 Web 网站必须使用浏览器，目前常用的浏览器是（　　）。

    A. Hotmail　　　B. Outlook Express C. Inter Exchange D. Internet Explorer

37. 因特网是一个典型的（　　）。

    A. 广域网　　　　B. 城域网　　　　C. 局域网　　　　D. 万维网

38. 一座办公大楼内各个办公室中的微机进行联网，这个网络属于（　　）。

    A. MAN　　　　　B. WAN　　　　　C. LAN　　　　　D. GAN

39. 局域网相对于广域网来说，（　　）。

    A. 地理范围较小　B. 传输速率更高　C. 误码率较低　　D. 以上都对

40. 在计算机局域网中，为网络提供共享资源，并对这些资源进行管理的计算机称

为（　　　）。

  A．网站   B．工作站   C．网络服务器 D．网络适配器

41．组建以太网时，通常都是用双绞线把若干台计算机连到一个"中心"的设备上，该设备称为（　　　）。

  A．集线器   B．服务器   C．路由器   D．网桥

42．实现计算机网络需要硬件和软件，其中，负责管理整个网络各种资源、协调各种操作的软件称为（　　　）。

  A．通信协议软件 B．网络操作系统 C．网络应用软件 D．TCP/IP

43．广域网和局域网的英文缩写分别是（　　　）

  A．ISDN 和 TAM   B．FFDI 和 CBX

  C．Internet 和 Intranet   D．WAN 和 LAN

44．计算机网络按地理范围可分为（　　　）。

  A．广域网、城域网和局域网   B．因特网、城域网和局域网

  C．广域网、因特网和局域网   D．因特网、广域网和对等网

45．下面 4 种表示方法中，（　　　）用来表示计算机局域网。

  A．WWW   B．WAN   C．MAN   D．LAN

46．WAN 表示（　　　）。

  A．局域网   B．广域网   C．城域网   D．万维网

47．计算机网络的通信传输介质中速度最快的是（　　　）。

  A．同轴电缆   B．光缆   C．双绞线   D．铜质电缆

48．在 OSI 模型的传输层以上实现互连的设备是（　　　）。

  A．网桥   B．中继器   C．路由器   D．网关

49．一个学校组建的计算机网络属于（　　　）。

  A．城域网   B．局域网   C．内部管理网 D．学校公共信息网

50．网络中的任何一台计算机必须有一个地址，而且（　　　）。

  A．不同网络中的两台计算机的地址允许重复

  B．同一个网络中的两台计算机的地址不允许重复

  C．同一网络中的两台计算机的地址允许重复

  D．以上都不对

51．Internet 上的计算机地址可以写成（　　　）格式或域名格式。

  A．绝对地址   B．文字   C．IP 地址   D．网络地址

52．从接收服务器取回来的新邮件都保存在（　　　）。

  A．收件箱   B．已发送邮件箱 C．发件箱   D．已删除邮件箱

53．下列的（　　　）是某人的电子邮件（E-mail）地址。

  A．SJZVocationalRailwayEngineeringInstitute B．pku.edu.cn

  C．Zhengjiahui@hotmail.com   D．202.201.18.21

54．Internet 起源于（　　　）。

  A．美国国防部   B．美国科学基金会

    C. 欧洲粒子物理实验室　　　　　　D. 英国剑桥大学

55. 在我国已形成了四大主干网，它们分别是（　　　）。

    A. CHINANET、CERNet、CSTNet 和 CHINAGBN

    B. CHRNet、CSTNet、CHINAGBN 和 NCFC

    C. CHINANET、CERNet、ARPANET 和 Internet

    D. CERNet、CSTNet、CHINAGBN 和 ARPANET

56. （　　　）的主要功能是使用户的计算机与远程主机相连，从而成为远程主机的终端。

    A. E-mail　　　　B. FTP　　　　　C. Telnet　　　　D. BBS

57. IP 地址由四组（　　　）的二进制数组成。

    A. 4 位　　　　　B. 8 位　　　　　C. 16 位　　　　D. 32 位

58. HTML 的正式名称是（　　　）。

    A. 主页制作语言　　　　　　　　　B. 超文本置标语言

    C. WWW 编程序语言　　　　　　　D. Internet 编程语言

59. 在 Internet 中，人们通过 WWW 浏览器观看的有关企业或个人信息的第一个页面称为（　　　）。

    A. 网页　　　　　B. 统一资源定位器 C. 网址　　　　D. 主页

60. HTML 为（　　　）。

    A. 超文本置标语言　　　　　　　　B. 统一资源定位器

    C. C 语言　　　　　　　　　　　　D. 数据库

61. 网页制作好后，需要将站点中所有的文件和文件夹发布到（　　　）服务器上，别人才能通过网络浏览。

    A. Web　　　　　B. E-mail　　　　C. HTTP　　　　D. FTP

6.2 填 空 题

1. Internet 是从 1969 年由美国军方高级研究计划署的_____发展起来的。

2. 建立计算机网络的基本目的是_____。

3. TCP/IP 采用 4 层模型，从上到下依次是应用层、_____、_____和网络接口层。

4. 使用_____命令可显示网卡的物理地址、主机的 IP 地址、子网掩码以及默认网关等信息。

5. 在计算机网络中，为网络提供共享资源的基本设备是_____。

6. 计算机网络的组成，从逻辑上可分为两级子网，外层是资源子网，内层是_____。

7. 计算机网络是由负责信息处理并向全网提供可用资源的资源子网和负责信息处理传输的_____子网组成。

8. 计算机网络中，服务器提供的共享资源主要是指硬件、软件和_____资源。

9. 局域网常用的传输介质有_____、_____、_____。

10. 计算机网络中，目前使用的抗干扰能力最强的传输介质是_____。

11. 为了使网络系统结构标准化，国际标准化组织（ISO）提供了_____。

12. 开放系统互连参考模型（OSI）采用了 7 个功能层次描述网络系统的结构，这 7 个层次是_____、_____、_____、_____、_____、_____、_____。

13. OSI 参考模型的底层是_____。

14. 按地理范围分类，计算机网络分为_____、_____、_____。

15. 在计算机网络中，通信双方必须共同遵守的规则或约定，称为_____。

16. 提供网络通信和网络资源共享功能的操作系统称为_____。

17. URL 的中文名称是_____。

18. 在因特网上，可唯一标识一台主机的是_____或_____。

19. 在 Internet 中，按人们将 WWW 翻译成_____。

20. 在 Internet 中，FTP 代表的含义是_____。

21. _____是指连接远距离的计算机组成的网，分布范围可达几千千米甚至上万千米，可以覆盖一个国家、地区或横跨几个洲，因此又被称为"远程网"。

22. 在计算机网络中，实现数字信号和模拟信号之间转换的设备是_____。

23. 调制解调器的英文名称是_____。

24. Hub 的中文名称是_____。

25. Internet 上最基本的通信协议是_____。

26. 从网络逻辑功能角度来看，可以将计算机网络分成_____和_____两部分。

27. 使用_____命令检查网络的连通性以及测试与目的主机之间的连接速度。

28. 目前 Internet 接入技术主要有_____、_____和_____ 3 种接入方式。

29. 目前常见的无线接入方式主要有_____、_____和_____ 3 种。

30. 域名后缀为 gov 的网址代表_____性质的网站。

31. HTTP 的中文含义是_____。

32. Dreamweaver 是一个_____软件。

第 7 章

信息安全测试题 <<<

7.1 选择题

1. 数字签名技术采用的是公开密钥体制，它是用（　　）。

    A. 公钥进行加密　B. 私钥进行解密　C. 散列函数加密　D. 私钥进行加密

2. 计算机信息系统安全的机制不包括（　　）。

    A. 信息加密　　　　　　　　　B. 数字签名

    C. 保证数据完整性　　　　　　D. 数据交换

3. 计算机病毒的特点是（　　）。

    A. 传染性、潜伏性、易读性与隐蔽性

    B. 破坏性、传染性、潜伏性与安全性

    C. 传染性、潜伏性、破坏性与隐蔽性

    D. 传染性、潜伏性、破坏性与易读性

4. 下面列出的计算机病毒传播途径，不正确的说法是（　　）。

    A. 使用来历不明的软件　　　　B. 在网上下载资料

    C. 通过非法的软件复制　　　　D. 通过把多张光盘叠放到一起

5. 目前使用的杀毒软件的作用是（　　）。

    A. 检查计算机是否染毒，清除已感染的任何病毒

    B. 杜绝病毒对计算机的侵害

    C. 检测出计算机中已知名的染毒，清除部分已感染的病毒

    D. 查出并清除所有的病毒

6. 下列（　　）不是信息安全面临的主要威胁。

    A. 非授权访问　　B. 信息泄露　　　C. 传播病毒　　　D. 发送电子邮件

7. 下列不属于计算机病毒特征的是（　　）。

    A. 传染性　　　　B. 隐蔽性　　　　C. 破坏性　　　　D. 使人致病性

8. Worm.MsBlast 又称（　　）。

    A. 冲击波病毒　　B. 蠕虫病毒　　　C. 宏病毒　　　　D. 文件型病毒

9. 下列软件是杀毒软件的是（　　）。

    A. 360 安全卫士　B. 瑞星杀毒软件　C. 卡巴斯基　　　D. Office

10. 防火墙的英文含义是（　　　）。

    A．FireWave　　　B．FireWall　　　　C．Dreamweaver　D．Fire

7.2　填　空　题

1. 信息安全的 3 个特点是_____、_____、_____。

2. 计算机病毒就是人为编制的_____。

3. 常见的计算机病毒的预防方法有_____、_____、_____、_____。

4. 防范骇客攻击的策略有_____、_____、_____和_____ 4 种。

5. 在密码学中，根据密钥使用方式的不同一般分为_____和_____两种。

6. 数字签名的目的是为了保证发送信息的_____和_____。

基础知识测试题参考答案

第1章 计算机应用基础知识概述测试题

1.1 选择题

1. D	2. B	3. A	4. B	5. A	6. C	7. A	8. B
9. D	10. B	11. A	12. D	13. B	14. B	15. C	16. A
17. C	18. D	19. A	20. D	21. A	22. D	23. D	24. C
25. D	26. D	27. B	28. D	29. A	30. C	31. B	32. A
33. C	34. D	35. D	36. A	37. C	38. C	39. D	40. B
41. C	42. A	43. C	44. D	45. B	46. B	47. D	48. C
49. C	50. B	51. C	52. B	53. C	54. C	55. B	56. A
57. D	58. A	59. A	60. C	61. B	62. B	63. C	64. C
65. C	66. B	67. B	68. C	69. B	70. C	71. A	72. A
73. D	74. B	75. B	76. B	77. B	78. D	79. B	80. A
81. D	82. C	83. B	84. C	85. D	86. D	87. A	88. C
89. A	90. D	91. B	92. B	93. B	94. D	95. A	96. C
97. D	98. C	99. C	100. C	101. B	102. D	103. C	104. B
105. C	106. A	107. B	108. B	109. D	110. B	111. B	112. D
113. B	114. D	115. A	116. A	117. A	118. A	119. A	120. C
121. C	122. A	123. C	124. D	125. A	126. A	127. D	128. D
129. A	130. D	131. D	132. C	133. D	134. B	135. B	136. D
137. A	138. D	139. D	140. A	141. D	142. D	143. D	144. B
145. C	146. C	147. B	148. B	149. C	150. B	151. C	152. B
153. D	154. B	155. B	156. B	157. B	158. B	159. C	160. A
161. A	162. A	163. A	164. D	165. C	166. A	167. C	168. A
169. D	170. A	171. C	172. D	173. B	174. D	175. B	176. A
177. A	178. C	179. D	180. D	181. A	182. A	183. A	184. D
185. D	186. B	187. C	188. B	189. B	190. D	191. B	192. C
193. C	194. A	195. A	196. C	197. D	198. A	199. C	200. A
201. B	202. B	203. A	204. C	205. C	206. A	207. B	208. C
209. D	210. B	211. A	212. D	213. A	214. C	215. B	216. B

217. D	218. C	219. C	220. A	221. A	222. D	223. B	224. A
225. C	226. C	227. C	228. A	229. B	230. A	231. B	232. A
233. B	234. D	235. D	236. D	237. C	238. B	239. A	240. D
241. C	242. D	243. B	244. D	245. C	246. C	247. D	248. B
249. C	250. D	251. C	252. C	253. D	254. C	255. B	256. C
257. A	258. C	259. A	260. A	261. D	262. C	263. A	264. D
265. C	266. B	267. A	268. B	269. A	270. B	271. B	272. B
273. C	274. D	275. B					

1.2 填空题

1. 艾兰·图灵
2. 巨型机　小巨型机
3. 通用机
4. 存储程序和程序控制
5. 冯·诺依曼计算机
6. UNIVAC
7. 运算器　控制器　存储器　输入设备
8. 算术　逻辑
9. 内存
10. 地址
11. 电子管
12. VLSI
13. 计算机辅助制造
14. 电子商务
15. 计算机辅助教学
16. 计算机技术
17. 人工智能
18. 可以扩展人的信息功能的技术
19. 存储程序和程序控制
20. 解释
21. 控制键
22. 图灵测试
23. CPU
24. 感测技术　通信技术　计算机技术　控制技术
25. 个体成员具有熟练地、有效地利用计算机用及其软件完成实际学习任务或工作任务的能力
26. 数据处理
27. 冯·诺依曼
28. 3
29. 网络化
30. 输入设备
31. 目标程序
32. 算术运算和逻辑运算
33. 控制器
34. 机器
35. 解释
36. 控制器
37. 二进制
38. 内存
39. 存储器
40. 程序
41. 超大规模集成电路
42. 指令　操作数
43. 文件
44. 内存储器
45. 机器语言
46. 源程序
47. 56.25 KB
48. MIPS
49. D
50. 操作系统
51. 字长

52. 八进制

53. 9

54. 字节

55. 11110011 10001100

56. 2 的 16 次方或 65 536

57. 0.8

58. 11111110

59. 2 个

60. 8

61. 通用机

62. 个人数字助理

63. 嵌入式系统

64. 量子计算机

65. 信息

66. 办公自动化

67. 1024×1024

68. 位

69. 总线

70. 字节

71. 基数

72. 1 字节

73. 11100111

74. 音码

75. 65.19

76. 机器字长

77. 控制

78. 高级语言

79. 机器语言

80. 不断除以 R 取余

81. 不断乘以 R 取整

82. 111001.001100110011 71.1463 39.333

83. 1B2.94 662.45 434.58

84. 11101001 11101000 10010111

85. 输入码 机内码 字形码

86. 11100001

87. 40

88. CD-ROM

89. 光驱

90. 可编程只读存储器

91. 显示器

92. 系统 应用

93. 裸机

94. 打印机 绘图仪 音响

95. 鼠标 扫描仪 光笔 触摸屏 数字化仪

96. 0 和 1

97. 热启动微机

98. 复位启动

99. CPU 内部各寄存器

100. 运算器 控制器

101. CPU 和内存

102. 25

103. 不间断电源

104. H

105. 显示器 键盘 主机

106. CPU 的联系并控制内存

107. 低级格式化

108. 随机存储器 只读依存储器 高速缓冲存储器

109. RAM 信息将全部消失

110. 字长

111. 1 和 1

112. 总线标准

113. 固定式 移动式

114. CPU

115. 正在运行的程序所需的数据和资料

116. 先调入内存

117. 温彻斯特

118. 尼尔森（T. Neson）

119. 个人计算机 PC 台式机 便携机

120. 机械鼠标 光电鼠标

121. CPU 连接微机中各大部件 微机和外围设备

122. 数据总线 地址总线 控制总线

123. 并行总线 串行总线   124. 32 64

125. 图形   126. 串行 计算机外围设备 各种家电

127. 串行

第2章 常用操作系统的应用测试题

2.1 选择题

1. A	2. D	3. C	4. C	5. B	6. B	7. D	8. C
9. B	10. A	11. B	12. C	13. B	14. D	15. B	16. D
17. B	18. C	19. D	20. B	21. C	22. C	23. B	24. D
25. A	26. B	27. C	28. A	29. D	30. C	31. D	32. B
33. A	34. C	35. C	36. C	37. A	38. C	39. D	40. B
41. B	42. B	43. C	44. C	45. B	46. A	47. D	48. C
49. B	50. A	51. C	52. D	53. D	54. C	55. C	56. D
57. B	58. C	59. C	60. A	61. B	62. C	63. B	64. A
65. D	66. C	67. C	68. C	69. B	70. B	71. D	72. B
73. A	74. C	75. C	76. A	77. B	78. B	79. A	80. B
81. C	82. A	83. A	84. B	85. B	86. C	87. A	88. C
89. B	90. C	91. D	92. D	93. B	94. A	95. C	96. A
97. C	98. A	99. C	100. B	101. C	102. C	103. C	104. D
105. B	106. D	107. B	108. C	109. B	110. B	111. C	112. A
113. B	114. D	115. A	116. A	117. B	118. C	119. A	120. D
121. D	122. A	123. D	124. B	125. B	126. D	127. A	128. C
129. A	130. C						

2.2 填空题

1. 系统软件 应用软件   2. 处理器管理

3. 系统   4. 计算机

5. 实用程序   6. 线程

7. 实时系统   8. 并发性

9. 【Ctrl】   10. 桌面 标题栏

11. 控制菜单   12. 【Windows 徽标+E】

13. clp   14. 【Shift】

15. NTFS   16. 【Shift】

17. 【Ctrl】   18. 任意一个字符 任意多个字符

19. bmp   20. B*.wav

21. com exe   22. 只读

23. 【Ctrl+空格】   24. 扩展分区

25. 【Ctrl】键   26. 【PrintScreen】

27. 【Shift】键   28. 状态条

29. E: D: 30. 剪贴板

第 3 章 常用办公软件及应用测试题

3.1 选择题

1. C	2. D	3. D	4. C	5. B	6. B	7. D	8. D
9. D	10. A	11. A	12. C	13. C	14. B	15. C	16. D
17. A	18. C	19. C	20. D	21. A	22. D	23. A	24. A
25. B	26. C	27. B	28. C	29. D	30. A	31. D	32. B
33. B	34. B	35. A	36. C	37. D	38. A	39. C	40. C
41. A	42. C	43. C	44. C	45. A	46. D	47. A	48. B
49. A	50. C	51. D	52. A	53. C	54. C	55. B	56. D
57. C	58. A	59. A	60. C	61. B	62. A	63. A	64. D
65. C	66. B	67. C	68. C	69. A	70. D	71. D	72. D
73. A	74. D	75. A	76. C	77. C	78. C	79. D	80. C
81. C	82. C	83. C	84. C	85. B	86. C	87. D	88. D
89. C	90. A	91. A	92. B	93. C	94. B	95. C	96. D
97. A	98. C	99. A	100. D	101. B	102. B	103. B	104. A
105. D	106. D	107. C	108. C	109. C	110. B	111. B	112. A
113. B	114. B	115. B	116. A	117. D	118. B	119. D	120. B
121. A							

3.2 填空题

1. Word 2010   Excel 2010   PowerPoint 2010 AutoCAD   工资管理系统

2. Windows 7   应用   3. 【Insert】

4. 屏幕右侧滚动条上方的标尺按钮   5. 【Ctrl+R】

6. 相对引用

7. 左边上倒三角   左边上三角   左边矩形   右边三角

8. 两端对齐   居中   左对齐   分散对齐   右对齐

9. 首行缩进

10. 笔画   11. 字数统计

12. 双击状态栏的页码处，在弹出的"查找和替换"对话框的"定位"选项卡中输入页码"89"即可

13. 整个表格，而不是表格中的内容   14. 边框和底纹

15. 单击表格中的任意单元格，选择"布局"选项卡，单击"数据"选项组中的"转

换为文本"按钮。

16. 同图片一样浮于文字上方，自由移动

17. 嵌入

18. 利用样式对文档进行多级模式化

19. 按住【Ctrl】键鼠标拖动

20. 调整

21. 6

22. 带圈字符

23. 8.38

24. Sheet1(2)

25. 3　只受可用内存限制

26. 16 384　　1048 576

27. 3

28. 右　左　科学计数法　截断

29. 移动或复制

30. 批注

31. 自动

32. 【Ctrl】

33. 在名称框输入 J768

34. 排序

35. =(A1+A2+A3)/3

36. 独立　嵌入式

37. 不

38. 筛选

39. 自动填充

40. 10

41. 求 C6、C7、C8 单元格中数值的平均值

42. =

43. potx　pptx

44. 【Ctrl+N】

45. 普通　幻灯片浏览　幻灯片放映　备注页　阅读视图

46. 普通、幻灯片浏览

47. 关闭当前演示文稿

48. 从头开始

49. 幻灯片放映

50. 【Shift】

51. 幻灯片浏览

52. 幻灯片母版

53. 幻灯片版式

54. 前者系统已定义好的一套动画方案，方便快速；后者用户自定义的动画方案，灵活，个性化

55. 超链接　动作　外观显示不同，前者以下画线表示超链接，后者以动作按钮表示

56. 没有

57. 动画刷

58. 超链接

59. 【Esc】切换到另一张幻灯片

60. 页面设置

61. 【Esc】

62. 页面设置　主题　背景

63. 图像

64. 段落

65. 幻灯片母版

66. 设置放映方式

第4章　数据库应用基础测试题

4.1　选择题

1. A　　2. B　　3. B　　4. D　　5. B　　6. B　　7. D　　8. A

9. C　　10. C　　11. C　　12. A　　13. C　　14. D　　15. A　　16. C

17. D　　18. D　　19. D　　20. C　　21. B　　22. A　　23. B　　24. D

25. B　　26. A　　27. C　　28. D　　29. D　　30. B　　31. D

4.2　填空题

1. 关系型　层次型　网状型　　　　2. 模式　外模式　内模式

3. 数据结构　数据操作　数据的约束条件

4. 数据库管理系统

5. 人工管理　文件系统管理　数据系统管理

6. 关系　　　　　　　　　　　　7. E-R 图

8. 一　一个或多个　　　　　　　9. 表结构　输入记录

10. 数据间的联系　　　　　　　　11. 关系模型

12. 属性　元组　　　　　　　　　13. 选择　连接　投影

14. 按照字段值对相等为条件进行连接操作

15. 需求分析　概念设计　逻辑设计　物理设计

16. 物理独立性　　　　　　　　　17. 关系模型

18. 一对一　一对多　多对多　　　19. 数据库管理系统

20. SQL 视图　设计视图　数据表视图　21. 生成表查询　更新查询　追加查询

22. 设计视图　数据表视图　窗体视图　23. 数据透视表　数据透视图

24. 绑定型　非绑定型　计算控件型　25. 数据表视图

26. 格式　数据　事件　其他　全部　27. 设计视图　打印预览　版面预览

28. 两级　　　　　　　　　　　　29. 交叉查询

30. 与主报表

第 5 章　程序设计与软件开发基础测试题

5.1　选择题

1. B　　2. D　　3. C　　4. A　　5. D　　6. B　　7. A　　8. A

9. C　　10. C　　11. A　　12. B　　13. C　　14. D　　15. A　　16. A

17. C　　18. D　　19. A　　20. D　　21. B　　22. B　　23. A　　24. D

25. C　　26. D　　27. D　　28. C　　29. A　　30. D

5.2　填空题

1. 顺序结构　选择结构　循环结构　　2. 程序设计风格

3. 序言性注释　　　　　　　　　　4. 封装

5. 实例　　　　　　　　　　　　　6. 继承

7. $\log_2 n$　　　　　　　　　　　8. 255

9. DEBCFA　　　　　　　　　　10. n

11. 3　　　　　　　　　　　　　12. 文档

13. 数据结构　　　　　　　　　　14. 软件开发

15. 工具　　　　　　　　　　　　16. 结构测试（或白盒测试）

17. 一对多　　　　　　　　　　　　18. 软件危机

19. 工程

第6章　计算机网络基础测试题

6.1　选择题

1. B	2. D	3. B	4. A	5. D	6. C	7. B	8. C
9. A	10. B	11. C	12. C	13. D	14. C	15. B	16. B
17. B	18. A	19. B	20. B	21. C	22. C	23. C	24. D
25. A	26. A	27. A	28. B	29. B	30. C	31. B	32. D
33. C	34. A	35. C	36. D	37. A	38. C	39. D	40. C
41. B	42. B	43. D	44. A	45. D	46. B	47. B	48. D
49. B	50. B	51. C	52. A	53. C	54. A	55. A	56. C
57. B	58. B	59. D	60. A	61. A			

6.2　填空题

1. ARPA NET
2. 资源共享
3. 传输层　网际层
4. ipconfig
5. 服务器
6. 通信子网
7. 通信
8. 数据
9. 双绞线　同轴电缆　光缆
10. 光纤
11. 开放系统互连（OSI）参考模型
12. 物理层　数据链路层　网络层　传输层　会话层　表示层　应用层
13. 物理层
14. 局域网　城域网　广域网
15. 协议
16. 网络操作系统
17. 统一资源定位
18. IP 地址　域名
19. 万维网
20. 文件传输协议
21. 广域网
22. 调制解调器
23. Modem
24. 集线器
25. TCP/IP
26. 通信子网　资源子网
27. ping
28. ADSL 接入　有线电视接入　无线接入
29. GPRS　CDMA　WLAN
30. 政府
31. 超文本传输协议
32. 网页制作

第7章　信息安全测试题答案

7.1　选择题

1. D	2. B	3. C	4. D	5. C	6. D	7. D	8. A
9. D	10. B						

7.2 填空题

1. 保密性　完整性　真实性　　　　　　2. 程序代码

3. 安装防火墙　及时打补丁　安装杀毒软件　切断病毒入侵途径

4. 口令入侵的防范策略　针对 IP 地址攻击的防范策略　特洛伊木马程序的防范策略　电子邮件安全准则

5. 对称密钥密码体系　非对称密钥密码体系

6. 真实性　完整性

参 考 文 献

[1] 廖瑞华，李勇帆. 大学计算机基础教程上机指导与测试[M]. 北京：中国铁道出版社，2013.

[2] 龚沛曾，杨志强. 大学计算机基础上机实验指导与测试 [M]. 5 版. 北京：高等教育出版社，2010.

[3] 李勇帆，廖瑞华. 大学计算机基础教程[M]. 北京：中国铁道出版社，2013.

[4] 赵欢，吴蓉晖，陈娟. 大学计算机基础：计算机操作实践[M]. 北京：人民邮电出版社，2008.

[5] 陈宝明，骆红波，刘小军. 办公软件高级应用与案例精选[M]. 2 版. 北京：中国铁道出版社. 2016.

[6] 教育部考试中心. 全国计算机等级考试二级教程：MS Office 高级应用（2015 年版）[M]. 北京：高等教育出版社，2015.

[7] 未来教育教学与研究中心. 二级 MS Office 高级应用教程同步习题与上机测试[M]. 北京：高等教育出版社，2016.

[8] 卢艳芝. 2014 年全国计算机等级考试 3 年真题精解与过关全真训练题：二级公共基础知识[M]. 北京：机械工业出版社，2015.

[9] 全国计算机等级考试命题研究组. 2014 年全国计算机等级考试考眼分析与样卷解析：二级公共基础知识[M]. 北京：北京邮电大学出版社，2015.

[10] 教育部考试中心. 全国计算机等级考试二级教程：公共基础知识（2015 年版）[M]. 北京：高等教育出版社，2015.